Гёви Анкомо Ампини

Денис Сассоу Н'гуессо'с-Нугуа для Конго

Гёви Анкомо Ампини

Денис Сассоу Н'гуессо'с-Нугуа для Конго

Конголезская модель городского планирования

ScienciaScripts

Imprint

Any brand names and product names mentioned in this book are subject to trademark, brand or patent protection and are trademarks or registered trademarks of their respective holders. The use of brand names, product names, common names, trade names, product descriptions etc. even without a particular marking in this work is in no way to be construed to mean that such names may be regarded as unrestricted in respect of trademark and brand protection legislation and could thus be used by anyone.

Cover image: www.ingimage.com

This book is a translation from the original published under ISBN 978-620-6-70543-7.

Publisher:
Sciencia Scripts
is a trademark of
Dodo Books Indian Ocean Ltd. and OmniScriptum S.R.L publishing group

120 High Road, East Finchley, London, N2 9ED, United Kingdom
Str. Armeneasca 28/1, office 1, Chisinau MD-2012, Republic of Moldova, Europe
Printed at: see last page
ISBN: 978-620-7-24061-6

Copyright © Гёви Анкомо Ампини
Copyright © 2024 Dodo Books Indian Ocean Ltd. and OmniScriptum S.R.L publishing group

Моему другу и брату доктору Микаэлю ЭТИРИ

Предисловие

Вера в судьбу - это доктрина признания, которая применяется к опыту, не поддающемуся ортодоксальной трактовке. Природа предназначила определенные души для подвигов в систематическом развертывании действий. Эти исключения раскрывают свое неслыханное призвание через необычность своих политических, административных, технических, управленческих, научных, философских, производственных, дипломатических и т. д. прикосновений. Это и составляет основу категории исключительных людей.

Дени Сассу Н'Гессо получил провиденциальную благодать, чтобы действовать по-другому и проложить путь для будущих поколений. Его пребывание во главе Республики Конго отмечено вехами, которые сочетают в себе вечность во времени и пространстве. Он внес последние штрихи во все замечательные события современной истории Конго. Его видение Конго и его участие в вопросах городского планирования заслуживают особого внимания во всем мире.

Парадигма человека Эду выделяется из обыденности и стремится к универсальности. Она сублимирует естественный порядок, не нарушая экологического призвания природы. Дени Сассу Н'Гессо основывает это новое лидерство на догмах традиции и ставит универсальную демократию на тропу африканской мудрости. Он пропагандирует соединение прошлого и настоящего с целью создания промежуточного будущего, или, скорее, промежуточного будущего. Этот священный союз ностальгии по добродетельному прошлому, которое направляло его первые шаги, и умеренного стремления к прогрессу со временем создает познанный симбиоз, который структурирует нетипичную конголезскую модель во всех областях государственного управления и политического импульса. Градостроительство - очевидное ядро этой конкретной политики.

Отнюдь не проповедуя субъективизм на фоне культа опыта, эта книга призвана дать голос революционному ветру, который уже несколько десятилетий дует в Конго в области городского планирования. Это движение - результат воли исключительного человека, который осуществляет исключительное руководство в исключительном контексте, стремясь донести до мира исключительный опыт.

В основе политической судьбы этого человека лежат стоицизм предков, традиционная мудрость, военная этика золотого века оружейного дела и миф о пылком деловом опыте. Все эти убеждения порождают лидерство, которое доказывает свою состоятельность в Конго. Эта парадигма надежды обеспечила признание и единство Конго, восстановила и закрепила завоевания демократии, поставила страну на путь мира, разработала доктрину модернизации и создала новый союз с природой с целью сильной климатической дипломатии.

Мудрый конголезец верит в достоинства градостроительства и считает, что институт передового опыта в управлении городами создает туристическую достопримечательность, призванную питать экономику, участвовать в профилактике и искоренении некоторых патологий, укреплять патриотизм с целью эффективного управления и создавать городское планирование, основанное на принципах городской эстетики. Таким образом, градостроительство является краеугольным камнем политической доктрины Дени Сассу-Н'Гессо.

Он запустил модель городского планирования, в основе которой лежит осознание и забота о природе. Это, несомненно, экологическое градостроительство, сочетающее идеал модернизации страны с обычаями экологической цивилизации. Таким образом, Конго погрузилось в религию устойчивого развития, которая закрепляет жизнестойкость городов и предотвращение стихийных бедствий.

Интуиция автора основана на практическом опыте, и он проявляет интерес к передаче опыта. Он видит в политическом профиле Дени Сассу Н'Гессо особую тенденцию к сублимации городского пространства. Этот жест осуществляется в этической атмосфере, которая закрепляет метафизическое и политическое своеобразие маршрута этого исключительного человека. Руководящее убеждение текста заключается в том, что всякая универсальность проистекает из добродетельного партикуляризма. Политическая парадигма этого человека, основанная на соединении традиционного и современного, заслуживает того, чтобы выйти из молчания конголезской субъективности и завоевать всеобщее сознание. Мир должен извлечь уроки из конголезской модели городского планирования. Таково окончательное подтверждение веры Жеви АНКОМО АМПИНИ в этот пробный шаг, который может превратиться в настоящий мастер-класс.

Г-н Жан Робер ТАБАКА (Республика Конго)

Оглавление

Предисловие 2

ВВЕДЕНИЕ 6

ГЛАВА 1: Панафриканизм как основа нового африканского лидерства 7

ГЛАВА 2: Политика снижения природных рисков в городах Конго 20

ГЛАВА 3: Переосмысление разрастания городов в Конго: на пути к устойчивому развитию городов 36

ГЛАВА 4: Сохранение окружающей среды 39

ГЛАВА 5: Основная проблема изменения климата в городах 44

ГЛАВА 6: Концептуальное построение нового урбанизма 50

ГЛАВА 7: Характеристики городской экосистемы 55

ГЛАВА 8: Страх перед гуллингом - чувство, широко разделяемое местными жителями 58

ГЛАВА 9: Полное использование местного потенциала и ресурсов 63

ГЛАВА 10: Социально-экономическое воздействие изменения климата на водный цикл 65

ГЛАВА 11: Концепция устойчивости городов 69

ЗАКЛЮЧЕНИЕ 77

ВВЕДЕНИЕ

История питается опытом, выходящим за рамки обыденности и несущим призвание вдохновения. Именно на ценности исключений в истории строится доктрина универсального. Для того чтобы универсалия была действительно горизонтальной, она должна освободиться от всех антропологических и географических соображений относительно происхождения своей ценности. Любой добродетельный опыт достоин универсализации. Такова конголезская модель городского планирования, приведенная в движение политической мудростью Дени Сассу Н'Гессо.

Действительно, этот исключительный человек обладает политическим лидерством, основанным на традиционных ценностях и вере в суть современности. Он превращает демократию в процветающий интерфейс между африканским прошлым и универсальными догмами прогресса. Эта новая атмосфера демократии доказала свою состоятельность в Конго и заслуживает особого внимания.

Это породило доктрину градостроительства, сочетающую идеалы устойчивого развития с искренним выражением лояльности к привычкам и обычаям экологической цивилизации. Цель - модернизировать страну без ущерба для природы, иными словами, урбанизировать природу ради природы.

Цель этой книги - обратить внимание читателя и всего человечества на достоинства конголезской политической модели, уделив особое внимание конголезской парадигме городского планирования. Ибо эта двуединая конголезская особенность может быть представлена как универсальная ценность или, скорее, как модель для будущего мира. Будущее градостроительства - в будущем конголезской градостроительной доктрины. Первые строки этого текста раскрывают особенности политической системы Дени Сассу Н'Гессо и ее потенциал. Последующие фрагменты очерчивают контуры конголезского управления городским пространством.

ГЛАВА 1: Панафриканизм как основа нового африканского лидерства

Очевидно, что карьера людей, оставивших свой след в истории страны, коренным образом переплетается с судьбой государства. Так и в случае с этим исключительным человеком, который формировал и продолжает формировать историю Конго. Его лидерство основано на неортодоксальных догмах и подразумевает любопытство, которым необходимо поделиться с мировым политическим сообществом. Данная работа призвана ответить на этот вызов. Несомненно, речь идет о том, чтобы пролить свет на принципы и формулировки политического мышления Дени Сассу Н'Гессо, объединив прошлое и настоящее для формирования будущего. Говоря простым языком, это размышление заключается в определении основ и направлений дальновидного руководства этого живого памятника политической истории Конго. Два канонических горизонта образуют его научную основу: представление основ политической мудрости этого человека, а также его исторических маяков и перспектив его действий на вершине пирамиды конголезской демократии.

1. Основы исключительного лидерства

Политическая власть - сложная вещь, потому что она предполагает наличие набора навыков и ценностей, которые должны быть предоставлены в распоряжение общего дела.

Первоначальная основа политического нетипизма этого человека - *сила природы*. Он быстро выделился своими природными качествами, которые убедили мудрецов деревни Эду выбрать его для воплощения родовой власти. Молодой человек от природы был мужественным, терпеливым и мудрым. Эти природные добродетели никогда не покидали его и продолжают характеризовать по сей день, составляя основу его карьеры как исключительного человека. Это природное мужество, которое вело его из одной деревни в другую ночью одного, когда ему было меньше десяти (10) лет, проявилось во время авторитарных эксцессов некоторых лидеров Конго и когда некоторые из его соотечественников продемонстрировали смертельный аппетит к власти. Его терпение сохранилось и после трагедии 1977 года, когда он категорически отказался сразу же стать преемником своего лучшего друга, вырванного из коллективной привязанности при одиозных обстоятельствах, в то время, когда на него возлагались все надежды страны. Мудрость овладела его разумом в конце Национальной конференции, которая превратилась в суд без истца; потому что, столкнувшись с рядом бездоказательных обвинений, он согласился надеть темную мантию истории, дав конголезской политической литературе выражение мудрецов великого суда: "j'assume". Знаменитое "j'assume" вошло в пантеон конголезской политической мудрости и стало каноническим прецедентом для будущего политики во всем мире. Политическая глубина этого короткого выражения освобождает от главенства государственного разума и тщетности доктрины разума ради разума и ничего, кроме разума, в политике. Ибо быть правым - это еще не решение различных проблем населения. Перед лицом императива мира и стремления к прогрессу эгоизм самосознания в поисках истины, ушедшей в тень шипения, планомерно отступает, чтобы освободить место для красоты политической игры. Таков, несомненно, заряд и проницательность утверждения Дени Сассу Н'Гессо, сделанного в конце бурной так называемой Суверенной национальной конференции.

Руководство мужчины также основано на *мудрости Отвере*. Это традиционное посвящение в управление и закон предков. Основополагающими мифами этой цивилизации совместного проживания народов Африки являются постулат о духовности власти, чувство чести и культура долга. Вера в священное укрепляет политическую власть и воспитывает культ смирения, поскольку напоминает правителю о пределах его власти и подчиняет его высшим догмам. Человек никогда не терял уроков своей инициации и делает власть долгом, а не правом. Именно это оправдывает традиции демократии в Конго. Ритуалы демократии в полной мере проявляются в стране через соблюдение избирательного цикла, существование институтов и демократические жесты: выступления с речью о положении дел в стране перед конгрессом парламента, устные вопросы с дебатами, политические консультации накануне выборов и празднование Дня независимости. Этот человек придерживается религии долга и никогда сознательно не нарушал обязанностей, связанных с демократией и властью. Он основывает свое руководство на *военной этике*. Этот человек - один из самых подготовленных военных в своей стране. После физических и парашютных дисциплин под командованием уважаемого генерала Бигирда он прошел академическую подготовку в Алжире и во французской военной школе в Сен-Мешене.

Исключительное политическое лидерство Дени Сассу Н'Гессо основывается на природных качествах, традиционных ценностях и воинской морали. Умелое сочетание этих достоинств позволило ему занять достойное место в политической истории своей страны.

2. Человек и судьба его страны

Трудно составить диахронический бревиарий ключевых событий в истории Конго, не упомянув имя Дени Сассу Н'Гессо, который коренным образом переплетен с ее судьбой. Дени Сассу Н'Гессо поставил всю свою мудрость на службу своей стране, поднявшись по служебной лестнице, чтобы достичь вершины пирамиды. Его политическая карьера фундаментально переплетена с историей Конго, поскольку он написал все великие страницы коллективной памяти. Цель данного раздела - подвести итог большому количеству следов Дени Сассу Н'Гессо в истории Конго.

Первая веха в истории Конго - признание и слава Дени Сассу Н'Гессо в Африке и мире. Он впервые взошел на вершину государственности в 1979 году, после неожиданной смерти своего брата и друга и неблаговидных похождений во власти его непосредственного преемника. После двух лет колебаний, сдержанности и наблюдений Дени Сассу Н'Гессо пришлось ответить на зов судьбы и народную волю видеть Конго в руках, преданных общему делу. Преодолевая разочарования, связанные с мировой экономической ситуацией на заре его прихода к власти, этот человек сумел оставить первый неизгладимый след в истории Конго. Он возвел Конго в ранг страны-сателлита Африки, заняв в 1986 году пост председателя Организации африканского единства (ОАЕ). Иными словами, Конго обязано своим высоким положением одной из самых голосистых наций Африки и голосом Африки, впервые в своей истории, именно этому выдающемуся человеку. Он убедил мир в целом и Африку в частности в том, что Конго может представлять Африку и с достоинством принять на себя судьбу этого континента со светлым будущим.

Второй вехой в развитии Конго стала организация национальной конференции в 1992 году. Именно во время его правления страна написала историческую страницу воли к объединению своих сыновей и дочерей и совместному принятию решений о будущем страны. С момента обретения независимости и до его прихода к власти ни один президент Конго не соглашался предоставить всем конголезским гражданам право голоса за одним столом. Превосходство эгоизма и сила дискурса разделения культивировали, как и во всех африканских странах в период после обретения независимости, трагический рефлекс самоидентификации. Это широко распространенное чувство лишило Конго единства, взаимного признания и некоторых из его самых достойных сыновей из-за этнической инструментализации политической игры. Это трагическое наследие истории было переосмыслено смелостью этого мальчика из буша, который предложил всем конголезцам в Конго говорить о Конго для Конго и только для Конго. Шипение Национальной конференции не обошлось без дрейфа, но этот человек сумел овладеть ситуацией, свалив всю относительность истории Конго на себя.

Третья историческая инициатива человека в своей стране - это опыт демократического плюрализма. От Альфонса Массемба-Дебата до Жоакима Ихомби-Опанго и Мариенн-Гуаби Конго было погружено в абсолютную власть единственной партии. Социалистическая тенденция, которую приняла страна, основывала надежду на национальное единство на убеждении в достоинствах единой партии, не беспокоясь о ее авторитаризме или жертвах политической свободы. У конголезцев не было свободы создавать политические партии, чтобы развивать политические дебаты и участвовать в управлении государственными делами. Все были обязаны придерживаться идеалов очень авторитарного партийного государства. Это подрывало динамику демократии, к которой стремились все конголезцы. Только после прихода к власти приверженца демократического плюрализма Конго смогло испытать чудеса демократии и пойти по стопам демократического плюрализма, которым конголезцы наслаждаются и по сей день. Сегодня в Конго так много политических партий, и они гордятся ими благодаря воле *Мвене* Эду, а точнее, сливкам урожая профессора Мориса Шпиндлера. Давайте отдадим кесарю кесарево, а Богу - Божье; плюралистическая демократия, развивающаяся в Конго, имеет Дени Сассу Н'Гессо в качестве своего поборника.

Четвертое политическое исключение в истории Конго - это опыт мирной смены власти. Дени Сассу Н'Гессо - организатор единственной мирной смены власти, которую когда-либо знало Конго. По итогам выборов 1992 года, на которых он был кандидатом в преемники, он был устранен правдой избирательной урны в первом же туре. В то время как в Африке президенту нередко приходится организовывать выборы и проигрывать их, Дени Сассу Н'Гессу бросил вызов трагической норме и согласился подчиниться воле большинства конголезцев. Он организовал цивилизованную передачу власти своему преемнику Паскалю Лиссуба и согласился снова стать обычным гражданином. Такой демократической скромности Конго не испытывала с момента обретения независимости в 1960 году. Поэтому он - единственный конголезец, позволивший своей стране вкусить прелести мирных перемен, и один из немногих в Африке. Скромность этого человека достигла своего апогея, когда он решил вернуться в буш, чтобы заняться своим фермерским делом. Какое смирение! Андре Суссан так описывает это возвращение к обыденности: "Вдали от Браззавиля и его политических взлетов и падений Дени Сассу Н'гуго наконец-то нашел время, чтобы жить как обычный человек. Освободившись от забот о государстве, которые так долго были его хлебом насущным, он может наслаждаться своими детьми, которых он почти не видел растущими, и вести вместе с женой жизнь джентльмена-фермера, к которой он втайне стремился. Он внимательно следит за развитием своей буйволиной фермы и ревностно следит за своими помидорными кустами, которые ему удалось акклиматизировать"[4] . От трона до леса, от сельского хозяйства и животноводства - Дени Сассу Н'Гессо с радостью отказывается от власти, чтобы придать Конго демократическое достоинство.

Пятый неизгладимый след этого человека в истории Конго - освящение мира. Не может быть тайной тот факт, что идеал мира стал реальностью в стране благодаря мудрости и опыту этого человека. Как мы уже отмечали в начале этого размышления, Дени Сассу Н'Гессо обладает природной склонностью к миру, благодаря которой он и был избран *Мвене*, несмотря на свой возраст. Эта природная добродетель лежит в основе стабильности Конго. Различные мрачные эпизоды в истории Конго научили его быть человеком мира. Он всегда помнил, разделял и обеспечивал мир в своей стране благодаря постоянному межконголезскому диалогу и спасительным жестам. Отсутствие крупных беспорядков в стране на протяжении уже нескольких лет объясняется присутствием этого человека во главе страны и его мудростью диалога, который выходит за пределы Конго, чтобы умиротворить другие африканские страны, погруженные во тьму истории. Мы отмечаем его недавние усилия в поисках мира во многих африканских странах. О политическом опыте Дени Сассу Н'Гессо можно забыть все, кроме мира, который он гарантировал во время своего пребывания на

---

[4] André Soussan, Un homme d'honneur: Le destin exceptionnel d'un enfant de la brousse, Paris, Éditions Ramsay, 2001, p. 210.

вершине государства.

Этот человек дает особую клятву в вопросе мира. Он доносит идею мира до всех своих сограждан и предпринимает беспрецедентные инициативы в пользу национального мира. И вот, уже укрепив свои позиции в Республике Конго, Дени Сассу Н'Гессо выходит за пределы своей страны, чтобы проповедовать Евангелие мира по всему миру. В этом заключается вся значимость организации в Браззавиле 21 июля 2014 года Форума межцентробежных переговоров, посредничества Дени Сассу Н'Гессо в процессе межливийского диалога, регулярного приглашения в Ойо глав государств многих африканских стран, переживающих пограничный кризис и столкновение интересов, чтобы подлить воды в вино и т.д.

Он идет дальше, стремясь примирить человека с природой. Забота о мире заставляет Дени Сассу-Н'Гессо глубоко разделять страдания природы, причиняемые человеком в конфликте, сочетающем гегемонизм с сознанием развития. Он ставит себя защитником природы и участвует во всех больших планетарных акциях по сохранению окружающей среды. Он считает, что мир на планете невозможен до тех пор, пока природа продолжает взывать к беде через повторяющиеся стихийные бедствия. Он рассматривает окружающую среду как серьезное и особое дело для всех конголезцев и всего человечества. Он заложил традицию Национального дня дерева в истории Конго, который отмечается каждый год 06 ноября, когда каждый конголезец призывает посадить хотя бы одно дерево. На международном уровне он является голосом бассейна Конго и вписал в летопись Конго успешную организацию второго саммита трех великих лесных бассейнов мира - бассейна Амазонки, бассейна Конго и бассейна Борнео-Меконга - с 26 по 28 октября 2023 года в Кинтеле (Конго).

Шестой отличительной чертой Дени Сасу Н'Гессо в коллективной памяти является модернизация всей национальной территории. Дени Сасу Н'Гессо отвечал за открытие внутренних районов и некоторых городов-спутников Конго. Если сегодня мечта о сообщении между городами и вывозе продуктов сельского населения стала реальностью, то это благодаря усилиям одного человека. Он смело взялся за строительство и модернизацию многих дорог в стране. Помимо колониального наследия в виде железной дороги, соединяющей Браззавиль и Пуэнт-Нуар, соответственно политическую и административную столицу и экономическую столицу Конго, этот человек приложил огромные усилия, чтобы соединить эти две витрины страны дорогой, проходящей через леса, саванны и гигантские горы. Этот подвиг можно наблюдать и в северной части страны, которая когда-то была очень изолированной. Уэссо связан с Браззавилем длинной дорогой, строительство которой было немыслимо всего несколько лет назад. Сегодня по всей длине Конго можно проехать на автомобиле. Мы надеемся, что история не останется неблагодарной к человеку в этом вопросе. Она будет продолжать напоминать нам о чуде Дениса.

К этому добавляется сеть базовой инфраструктуры страны. Ускоренная инициатива по муниципализации изменила облик многих городов Конго. Раньше перевод госслужащего в глубь страны рассматривался иерархией как наказание, поскольку в коллективном воображении укоренился устойчивый стереотип большого города как рая, а условия труда в полусельской местности были в целом весьма плачевными. И вот это ротационное движение ускоренной муниципализации, во главе которого стоит человек, пользующийся доверием главы государства, поставило деконцентрированные и децентрализованные образования в профессиональные, экономические и социальные условия, достойные современности. Государственные служащие, призванные сделать карьеру в различных ведомствах страны, работают в условиях, относительно равных тем, которые существуют в крупных городах, в частности, в Браззавиле и Пуэнт-Нуаре. Префектура, муниципалитет, субпрефектура, школы, департаментские администрации и т. д. в каждом городе Конго находятся на достаточно хорошем уровне. Забота о модернизации страны - это достижение, которое продолжает преследовать его и по сей день.

Не намереваясь сказать все, эти усилия доносят до коллективного сознания основные следы, которые структурируют историю лидерства этого человека и его общей судьбы со своей страной. Эта страница еще не перевернута, потому что Дени Сассу Н'Гессо все еще работает над своим проектом - Конго. У него есть видение будущего Конго.

Дени Сассу Н'Гессо уже наметил будущее Конго. Он хочет сделать Конго эталоном успеха и авторитета в мировом масштабе. Это видение будущего начинается с создания экологического наследия, которое станет уроком для всего мира. Природное наследие бассейна Конго должно быть развито и приумножено. Он выступает с инициативами по защите природы, такими как национальный день деревьев (06 ноября каждого года), когда он предлагает всем соотечественникам посадить хотя бы одно дерево, чтобы компенсировать вырубку лесов и бороться с изменением климата. Эта страсть к защите природы побудила его донести голос бассейна Конго и Африки до крупных международных встреч по вопросам окружающей среды и продемонстрировать климатическую дипломатию, направленную на спасение природы от чрезмерной эксплуатации и эрозии биоразнообразия. С этой целью в Браззавиле недавно, с 26 по 28 октября 2023 года, прошел саммит трех великих тропических бассейнов мира: бассейна Амазонки, бассейна Конго и бассейна Борнео-Меконга. Его цель - превратить Конго в зеленую столицу мира. Это стремление призвано придать Конго глобальный авторитет в вопросах климата.

Седьмая черта этого человека - стремление к продовольственной самодостаточности. Он поставил страну на извилистый путь к продовольственной самодостаточности. Конго - одна из стран мира, которая страдает от ударов кувалды голода и недоедания. Эта печальная реальность обусловлена экстравертным характером ее экономики. Поэтому, чтобы справиться с ней и продвинуть страну к достоинству подлинно независимого государства, он начинает операции по борьбе с этим глобальным бедствием путем создания защищенных сельскохозяйственных зон. Его министр сельского хозяйства работает на всех фронтах, чтобы воплотить эту идею в жизнь.

Восьмой визитной карточкой Дени Сассу-Н'Гессу стало движение за индустриализацию страны. Он поставил страну на путь индустриализации. Когда мир уже стал данностью, мудрый конголезец начал военные действия, чтобы построить производственные и перерабатывающие предприятия в рамках своей программы по созданию специальных экономических зон. Этот амбициозный проект осуществляется, и один из его лейтенантов находится на передовой. Дени Сассу-Нгуэссо хочет сделать Конго по-настоящему развивающейся страной, а любое развитие требует индустриализации. В этой области страна подписала ряд соглашений со многими крупными мировыми компаниями о строительстве заводов в специальных экономических зонах. Во всех этих зонах уже установлены строительные материалы и производственные образцы. Строительство крупного нефтеперерабатывающего завода в Пуэнт-Нуаре является частью этого процесса и отражает стремление к местной переработке сырья, чего также хотят все африканские страны. Так что это желание исполняется, и это работа исключительного человека.

Девятое по значимости желание этого человека - улучшить систему образования в Конго. Его усилия по улучшению системы образования в Конго также заслуживают внимания. Он знает, что любое развитие зависит от изменения менталитета, которое переводит граждан из начальной стадии в статус людей. Эта революция достигается благодаря качественному образованию. Для этого он создал школы передового опыта в каждом департаменте и панафриканский университет, который носит его имя. Несмотря на медлительность работы и относительность всех человеческих усилий, эта программа осуществляется, и ее преимущества очевидны.

Его политика в области образования основывается на трех доктринах: повышение потенциала приема учащихся путем приближения их к месту обучения, создание школ передового опыта для поощрения появления гениев и улучшение условий обучения. С момента обретения независимости и до его прихода к власти в Конго было всего несколько школ и один государственный университет. Сегодня ему удалось построить лицеи в каждом департаменте страны; в некоторых департаментах количество лицеев почти пропорционально количеству районов, в зависимости от демографического веса каждого населенного пункта. Каждый ребенок в Конго может посещать школу, независимо от места проживания, стипендии или социального статуса. Он даже создал положительную дискриминацию для коренных народов, чтобы поощрить этих конголезцев открыть для себя путь в школу и наслаждаться им. Не секрет, что в каждом департаменте страны строятся школы передового опыта с целью создания национальной элиты, состоящей из детей с природными способностями. Эти дети смогут раскрыть весь потенциал своего гения. Условия доступа в эти лаборатории передового опыта одинаковы для всех, чтобы гарантировать равное гражданство. Цель - поощрять совершенство ради самого совершенства. Условия труда преподавателей значительно улучшились по сравнению с прошлым и другими соседними странами, например Демократической Республикой Конго, ближайшим соседом Республики Конго. Переполненность учебных заведений ушла в прошлое, поскольку в Университете Мариена Нгуаби построены большие лекционные залы. Здесь есть амфитеатры, рассчитанные более чем на 1500 мест. Не говоря уже о строительстве флагмана Kintelé, панафриканского университета, который бросает вызов международным стандартам и претендует на трон университетов субрегиона. Дени Сассу Н'Гессо оставил неизгладимый след в образовании Конго.

3. История и революция в конголезском градостроительстве

В доколониальный период Конго представляло собой настоящий хаос с точки зрения городского планирования. По сути, градостроительства не было вообще, потому что городов практически не существовало. На самом деле, согласно универсальным стандартам квалификационного порога для городов, город - это агломерация с населением более двух тысяч (2 000) человек. До прихода колонизаторов Конго состояло из множества деревень, кланов, племен, этнических групп и королевств. Население было разбросано, а идея организованного города отсутствовала в коллективном сознании. По сути, градостроительство как совокупность методов, наук и искусств, связанных с организацией и развитием города, в доколониальной истории Конго не работало, потому что города в строгом смысле этого слова не существовало.

Однако в планировке и структуре крупных существующих деревень было несколько городских интуиций. В конфигурации деревень или королевств существовала иерархия мест, минутные очертания деревень подчинялись своего рода архаической эстетике, дома были относительно выровнены, а священные и королевские места были расположены в соответствии с планировкой, которая сочетала в себе склонность к основополагающим мифам африканских традиций.

Именно эта встреча и клятва единства, скрепленная королем Макоко и Пьером Саворньоном де Бразза, стали решающим поворотным пунктом в истории конголезского градостроительства. Именно на этой встрече традиция разрозненных деревень была подвергнута кризису, чтобы приспособить колонию к развитию метрополии. Открыв двери своего королевства этому французу итальянского происхождения, король теке привнес в Конго новую традицию. Это было рождение городов. Став своего рода французской собственностью, Конго пришлось подчиниться городской логике.

В 1911 году небольшая деревушка Мфоа выросла в значимости благодаря основанию миссии спиританцев и сразу же была возведена колониальной администрацией в ранг коммуны Браззавиля. Это была первая волна урбанизации в Конго, которая продолжалась до 1922 года, когда появился Пуэнт-Нуар, второй по величине город Конго. Урбанизация началась по всей стране. Другими словами, урбанизация в Конго - это колониальный импорт, поскольку это процесс, инициированный колониальной администрацией. Он достиг своего пика с рождением Республики Конго в 1958 году и урбанизацией некоторых деревень в зарождающейся республике.

Все эти города построены по образцу западной парадигмы. Они представляют собой дамианские или ортогональные агломерации с биполярной тенденцией. В них есть центральные районы и неблагополучные районы или трущобы. В центральных районах живут белые люди, а в трущобах - коренное население. В Браззавиле, например, Пото-Пото был белым районом, а Уензе - черным. Центральные районы были электрифицированы, имели регулярное водоснабжение, были хорошо развиты и т. д., в то время как бедные районы не имели всего этого.

Эта городская несправедливость не закончилась с обретением независимости в 1960 году. Независимое Конго практически не демонстрирует свободу городской жизни или, лучше сказать, свободу городского планирования. Центральные районы превратились в кварталы богачей, в то время как бедняки живут в неблагополучных кварталах. Часто предоставленные сами себе, бедняки добиваются всего тяжелым трудом, а иногда и силой. Они сами являются градостроителями и занимают землю в своих кварталах анархически. Поскольку сила - закон, они даже не утруждают себя легализацией своей собственности. Поэтому в этих кварталах до сих пор есть участки земли без документов. Это движение анархической оккупации было в некотором роде стимулировано коммунистическим импульсом в стране в 1970-х годах под лозунгом "все для народа". Поскольку земля была общим достоянием для всех, каждый мог в пределах своих полномочий занять свой участок, не обращая внимания на градостроительный генеральный план, научные рекомендации или правила искусства. В результате мы наблюдаем настоящий беспорядок во всех крупных городских районах Конго. Логическим следствием этой анархической оккупации является нескончаемое явление эрозии, которое то погружает страну в траур, то запускает ее в адский цикл строительства, разрушения и реконструкции, перечеркивая все усилия государственных властей.

Тем не менее, уже некоторое время президент Дени Сассу Н'Гессо проводит городскую политику, которая порывает с колониальной или, скорее, постколониальной ортодоксией. Он привел в действие политику, направленную на преодоление городской несправедливости путем сокращения традиционного разрыва между большими и малыми городами, с одной стороны, и между бедными и богатыми районами, с другой, в атмосфере, которая сублимирует совместную жизнь. Эта благотворная динамика поддерживается амбициозной и исторической программой ускоренной муниципализации, которая ставит перед собой задачу открыть и модернизировать второстепенные города, чтобы привести их в соответствие с главными городами, в частности Браззавилем и Пуэнт-Нуаром. Сегодня уже нет никаких различий между конголезцами, живущими в Браззавиле или Пуэнт-Нуаре, и теми, кто живет в Овандо, Уэссо, Импфондо, Долиси, Нкайи, Сибити и т.д., поскольку условия современности относительно одинаковы. Такая политика привела к сбалансированному городскому планированию по всей стране.

Внутри страны конголезская парадигма разрушает границы между районами, расположенными выше и ниже; другими словами, она пропагандирует горизонтальную схему городского планирования. Вертикальное колониальное наследие пакует свои чемоданы в каждом городе Конго. Это явление, достойное всяческих похвал, проявляется в строительстве спутниковой инфраструктуры, развитии трущоб, ликвидации "белых пространств" и благоустройстве неблагополучных кварталов. Например, несколько лет назад район Кинтеле в северной части Браззавиля был лачугой бедняков, а сегодня, после строительства стадиона "Стад де ля Конкорд", университета Дени Сассу-Н'Гессо, отелей и современных жилых домов, этот район вызывает всеобщее восхищение и стал одним из шикарных мест в столице Конго. Между браццавиллуа Пото-Пото (центральный район) и браццавиллуа Кинтеле (бывший неблагополучный район) больше нет никаких комплексов. Подобных примеров много во всех пригородах страны, хотя они вряд ли застрахованы от проблем джентрификации.

Следовательно, конголезский прецедент в области городского планирования является ориентиром для будущего универсального городского планирования. В генеральных планах градостроительства будущего участие градостроительства в философии совместной жизни должно стать основной матрицей. Движение за искоренение социальных классов в городах мира предполагает объединение ценностей кварталов и построение горизонтального города. Это движение началось в Конго и должно распространиться на весь остальной мир на благо градостроительства и всего человечества.

В целом Дени Сассу Н'Гессо - дитя буша, поднявшееся по политической лестнице благодаря упорному труду, природным способностям, профессиональной дисциплине, любви к стране и т. д. Он продолжает писать бесконечные страницы истории Конго. Его видение Конго - это процветание, которое возведет страну в ранг самых достойных государств мира. Девять подвигов, упомянутых в этой работе, не претендуют на полноту, а лишь подчеркивают общую судьбу этого человека с историей его страны. В конечном счете, в свете этих откровений можно сказать, что другое имя Конго - Дени Сассу Н'Гессо.

ГЛАВА 2: Политика снижения природных рисков в городах Конго

В конголезских городах сегодня проживает почти все население страны. Это делает их более уязвимыми перед рядом экологических проблем, с которыми они, тем не менее, способны справиться. Города Конго можно рассматривать как векторы национального роста. Города Конго характеризуются динамичностью систем и присущим им потенциалом управления. На протяжении всей истории Конго экологические риски показывали, что они могут вызвать серьезные нарушения в жизни городов.

Восприятие метеорологических явлений, наблюдаемых в последние годы, наглядно демонстрирует экстремальные последствия изменения климата для городской жизни. В результате экологические явления и чрезвычайные ситуации, вызванные техногенными угрозами, оказывают все большее давление на население и благосостояние городов Конго.

Эта книга, предназначенная для использования государственными органами, предоставляет мэрам, муниципальным советникам и другим должностным лицам общую основу для снижения экологических рисков и рассказывает о передовой политике президента Дени Сассу-Нгуэссо в области охраны окружающей среды и управления ею.

Денис Сассу Нгуэссо, лично занимаясь вопросами охраны окружающей среды, внедрил практики и инструменты, которые уже разумно применяются в различных городах. Это касается Овандо и Нкаи, которые воспользовались программой "Устойчивые города". В рамках этой программы Денис Сассу Нгуэссо хочет дать ответы на следующие основополагающие вопросы: каковы причины убежденности в достоинствах этого подхода? Какие стратегии и действия необходимы для его реализации? Как он будет реализован? Города и муниципалитеты различаются по размеру, социальному, экономическому и культурному профилю, а также по степени подверженности экологическим рискам. Фактически, у каждого субъекта есть свой особый подход.

Послание Дениса Сассу-Нгуэссо просто: устойчивость и снижение природных рисков должны стать неотъемлемой частью конголезского городского планирования и стратегий, направленных на достижение устойчивого развития. Этот процесс требует создания прочных альянсов и широкого участия всех жителей Конго в применении руководящих принципов по предотвращению природных рисков.

Для этого концепция Дениса Сассу-Нгуэссо, представленная в этой книге, должна позволить конголезским городам, государственным органам и гражданскому обществу обмениваться опытом в области обучения, доступа к информации, разработки индикаторов и показателей эффективности с целью мониторинга достигнутого прогресса.

1. Понимание механизма природных угроз

В Конго-Браззавиле уязвимые слои населения чаще всего сталкиваются с последствиями мелких и средних стихийных бедствий и реже - с последствиями крупномасштабных событий, вызванных природными или антропогенными угрозами. Поэтому изменение климата и экстремальные погодные явления, скорее всего, повысят подверженность конголезских городов экстремальным явлениям и рискам. Однако даже если это явление менее очевидно, обычная практика развития также может вызвать сложные изменения в окружающей среде, которые способствуют возникновению повышенных рисков, если они не учитываются и не приводят к принятию последующих мер по исправлению ситуации.

Действительно, в случае стихийных бедствий государственные органы являются первой линией обороны, иногда имея широкий круг обязанностей, но не имея достаточного потенциала для их выполнения. Они также находятся на передовой, когда речь идет о прогнозировании, управлении и уменьшении опасности стихийных бедствий, обеспечивая раннее предупреждение и создавая структуры кризисного управления, учитывающие особенности стихийных бедствий. Во многих случаях необходимо пересмотреть мандаты, обязанности и распределение ресурсов, чтобы укрепить потенциал государственных органов в плане реагирования на такие вызовы во времени и пространстве.

Чтобы понять, что природные угрозы не являются, строго говоря, "природными" явлениями, важно более подробно рассмотреть связанные с ними элементы риска. Риск зависит от опасности (например, заиливание, землетрясения, наводнения или водная эрозия), подверженности людей и имущества этой опасности, а также условий уязвимости населения или имущества, подверженного такой опасности. Эти факторы не являются статичными и могут быть улучшены в зависимости от институционального и индивидуального потенциала, задействованного для противодействия риску и/или принятия мер по его снижению. Модели развития общества и окружающей среды могут повысить подверженность и уязвимость и, следовательно, увеличить риск.

Мы принимаем во внимание два аспекта: характеристики источника риска (опасность) и воздействие, которое он оказывает на социальную систему в целом (уязвимость). Риск определяется как сочетание опасности и уязвимости. Мы рассмотрели различные комбинации этих элементов риска. Риск выражается следующим уравнением [Eq.1.1]:

$$R = \int (A, V)$$

R= le risque ; A= l'aléa et V= la vulnérabilité

Это уравнение отражает дуалистический подход к риску, который является фактором двух элементов: уязвимости и опасности. Здесь мы имеем в виду "функциональную" связь между этими двумя элементами. Для одних авторов это уравнение является перекрестным между опасностью и уязвимостью, в то время как другие рассматривают эту связь как продукт. Несмотря на некоторые преимущества использования этого уравнения (простота определения картографических показателей), чрезмерная сегментация между этими двумя элементами делает такое понимание риска слишком неполным в глазах многих географов.

Последние подчеркивают важность пространственно-временного анализа, который обязательно должен сопровождаться определением риска. С этой точки зрения Д'Эрколе (1996) определяет более полное уравнение, учитывающее опасность и уязвимость, которые остаются двумя основными элементами, дополненными их пространственной и временной эволюцией. Это уравнение как раз и представляет собой глобальный и интегрированный учет всех элементов, составляющих риск.

$$R = \int [A(t, s), V(t, s)]$$

R= risque ; A= aléa ; V= vulnérabilité ; s= espace ; t= temps

Это понятие также интересно благодаря идее, передаваемой наречием "*вместе*", не столько из-за его временного следствия "в одно и то же время", сколько из-за пространственного "в одном и том же месте". Риск заключается в том, что мы живем в одном месте с явлениями, которые могут принести как положительные (создание, развитие), так и отрицательные (исчезновение, регресс или разрушение).

Восприятие риска, то есть модель, сформированная игроками,

вовлеченными в управление им, должна быть достаточно интенсивной в обществе, чтобы меры предосторожности, принимаемые для его ограничения, были приняты и оправданы. Как только угроза идентифицирована, менеджеры должны выбрать между различными способами борьбы с риском и его снижением.

Но восприятие риска меняется в зависимости от времени и культуры. Некоторые риски воспринимаются относительно спокойно, даже если они очень важны, и наоборот. Средствам массовой информации все чаще удается преуменьшить серьезные риски или, наоборот, преувеличить менее важные, что приводит к нарушению нашего восприятия (G.Y. Mboumba Mboumba, 2020).

2. Раскрытие представлений об опасных природных явлениях

По сути, выявление восприятия природных опасностей - это понятие, сильно отличающееся от того, которое определяется научно как искусное сочетание понятий опасности и уязвимости. Это восприятие риска соответствует технической и психологической интерпретации риска, которую каждый человек формулирует в своем сознании. Это, в некотором роде, личная интуиция риска, основанная на понимании и знании рисков.

Восприятие - это процесс, в ходе которого мы получаем информацию и стимулы из окружающей среды и преобразуем их в сознательные психологические акты. Восприятие - это не пассивный прием или механическая запись. Оно избирательно, меняется во времени и пространстве, а также от одного человека к другому. Поэтому мы не воспринимаем все, что происходит вокруг нас и внутри нас. Мы делаем отбор в соответствии с нашей избирательной концентрацией. То, что было отобрано, непосредственно упорядочивается и активно изменяется в процессе восприятия. Это создает четкое различие между физическим окружением и субъективным окружением, как мы его воспринимаем, то есть психическим окружением.

Человеческое восприятие включает в себя два типа восприятия: психическое восприятие, связанное с психической ситуацией индивида, и сенсорное восприятие, связанное с органами чувств. Психическое восприятие является функцией функциональных факторов, а к функциональным факторам можно отнести следующие элементы: опыт, представления о ценностях, потребности, мнения и социокультурные нормы. Восприятие риска лежит в основе социального конструирования риска и оценивает индивидуальную и социальную приемлемость риска. Поэтому восприятие риска является важным компонентом в обоснованном исследовании риска. Оно является важнейшим, колеблющимся и малоизвестным фактором уязвимости. В настоящее время проводятся многочисленные исследования, направленные на лучшее понимание восприятия риска.

3. Материальность уязвимости к природным угрозам

Уязвимость определяет подверженность, чувствительность или адаптацию общества к опасностям. По этой причине важно иметь возможность как можно более точной количественной оценки, чтобы определить соответствующие решения для защиты населения от риска. Наш интерес к использованию уязвимости в изучении экологических рисков заключается в возможности изменения масштабов анализа природных явлений: индивидуальный масштаб, связанный с группой людей, или масштаб конголезских городов в целом. Такая дифференциация обращает внимание на важность различия между индивидуальным и коллективным в определении уязвимости. Каждый масштаб имеет соответствующие уровни последствий.

В настоящее время изучение экологических рисков переходит от преимущественно материального подхода (в частности, через опасные явления) к гораздо более сложному подходу, учитывающему уязвимость во всей ее полноте. Соответствующие концепции эволюционировали, и возникла реальная сложность в оценке уязвимости (с точки зрения физической количественной оценки, социальных причин или последствий). Поэтому само понятие уязвимости необходимо разделить в зависимости от изучаемых вопросов (здания и инфраструктура; общество, с вопросами социальной сплоченности; ландшафт и окружающая среда) и типов систем, связанных с биоразнообразием, экологией и обществом.

Чтобы сделать уязвимость к экологическим рискам более конкретной, в некоторых определениях используются прилагательные. Например, физическая уязвимость относится только к количественно измеряемым "материальным" фактам, к количеству потенциально уничтоженных товаров, к стоимости соответствующих ресурсов, возможно, выраженной в денежном эквиваленте. Другой пример - социальная уязвимость, в которой Чемберс учитывает только внутренние факторы, то есть способность общества реагировать на риск. Социальная уязвимость также может соответствовать подверженности населения стрессу, вызванному воздействием изменений окружающей среды. Чаще всего стресс связан с социальными и экономическими аспектами жизни города и проявляется в снижении чувства безопасности или потере среды обитания. Это определение позволяет нам провести параллель с другим понятием: адаптивность. Это соответствует уровню, которого должно достичь общество, чтобы извлечь уроки из пережитых бедствий и использовать их для предотвращения будущих.

Англосаксы определяют это понятие двумя разными терминами: с одной стороны, уязвимость территории (susceptibility), соответствующая характеристике хрупкости системы или подверженных воздействию материальных элементов, и, с другой стороны, понятие способности общества оправиться от ущерба или негативных последствий, вызванных катастрофой (что мы находим под термином resilience).

По мнению Д'Эрколе (1994), "система" уязвимости вызывает большое количество природных и человеческих вариаций, динамика которых во времени и пространстве может порождать ситуации, более или менее опасные для общества, подверженного риску. Андерсон-Берри (2003) отмечает по этому поводу, что в некоторых случаях введение защитных мер приводит к увеличению численности населения, которое чувствует себя защищенным от возможного риска. Реализация таких мер только увеличит уязвимость, даже если изначально предполагалось ее снизить. Такое различие в масштабах привело к тому, что при анализе фактов для определения уязвимости используется пространственный или территориальный подход. При этом учитывается множество факторов. К ним относятся экономика, технологии, социальные отношения, демография, индивидуальное восприятие, институциональное принятие решений, а также культурные и исторические факторы. Такой глобальный подход требует сбора большого количества показателей, что означает, что сравнение между регионами с точки зрения количественной оценки социальных причин или последствий не всегда легко. Например, слишком часто социальная устойчивость определяется только на уровне муниципалитета, а не на уровне отдельного человека, что подразумевает недостаточную точность ее анализа.

Существует два типа факторов, повышающих уязвимость территории: антропогенизация городской среды (за счет расширения застроенных и запечатанных поверхностей в зонах риска эрозии, заиливания и затопления,

как это бывает в случае с дождевой водой) и морфология городов, которая повышает уязвимость участков. Работа Туре и Д'Эрколе (1996) сыграла важную роль в количественной оценке уязвимости благодаря точному определению четырех классов факторов:
1. Пригородный рост;
2. Факторы социально-экономического развития и выбор политики в территориальном планировании ;
3. Городская морфология;
4. Усиленная сегментация городского общества и социально-экономические конфликты в ограниченном пространстве.
Они определили три подхода к анализу уязвимости.
-Качественный подход позволяет определить уязвимость через различные факторы, которые имеют тенденцию к ее изменению. Эти факторы связаны с демографическим ростом, характером землепользования и расселения, а также социально-экономическими, социально-культурными, психологическими, культурно-техническими, функциональными и политико-административными факторами.
Цель полуколичественного подхода состоит в том, чтобы нанести на карту наиболее уязвимые участки путем перекрестного сопоставления пятнадцати факторов, таких как природные, технологические и социальные (рис. 1). В результате получается характеристика склонности к ущербу, распределенная по категориям, социальным и пространственным, в зависимости от элементов, подверженных воздействию (Chardon, 1994; Lavigne and Thouret, 1994).
-Количественный подход основан на уязвимых элементах, последствия которых измеряются путем определения процента потерь и их экономических последствий, а также путем анализа затрат на превентивные или информационные меры.
Например, в случае с дождевой водой можно внедрить технические решения, чтобы минимизировать ее воздействие на людей, живущих в районах, подверженных риску эрозии, заиливания, наводнений и т. д.

4. Векторы риска в городской среде
В Конго-Браззавиле города и городские районы образуют плотные и сложные системы взаимосвязанных услуг. В связи с этим они сталкиваются с растущим числом проблем, которые приводят к возникновению опасных природных явлений. Дени Сассу-Нгуэссо создал условия для разработки

стратегий и политики, направленных на решение этих проблем, в рамках своей общей концепции, призванной сделать конголезские города более устойчивыми и пригодными для жизни. В этом смысле Дени Сассу-Нгуэссо показывает, что наиболее значимые векторы риска включают следующие элементы:

- Значительное давление на земельные ресурсы и услуги в результате роста городского населения и связанного с этим увеличения плотности населения, что ведет к увеличению числа населенных пунктов в прибрежных низменностях, на неустойчивых склонах и в районах, подверженных опасности.
- Концентрация ресурсов и потенциала на национальном уровне в сочетании с неадекватными бюджетными и людскими ресурсами и потенциалом местных органов власти, включая нечеткие полномочия по принятию ответственности за снижение риска бедствий и реагирование на них.
- Слабое местное управление и недостаточное участие местных заинтересованных сторон в городском планировании и управлении.
- Неадекватное управление водными ресурсами, антисанитарные дренажные системы и утилизация твердых отходов, приводящие к чрезвычайным ситуациям в области здравоохранения, наводнениям и оползням.
- Деградация экосистем, вызванная деятельностью человека, такой как строительство дорог, загрязнение окружающей среды, восстановление водно-болотных угодий и неустойчивая практика добычи природных ресурсов, что ставит под угрозу способность предоставлять основные услуги, такие как борьба с наводнениями и защита от деградации инфраструктуры и строительных опасностей, которые могут привести к разрушению конструкций.
- Отсутствие координации между аварийными службами, что снижает готовность и возможности быстрого реагирования.
- Негативные последствия изменения климата могут привести к повышению или понижению экстремальных температур и осадков в зависимости от местных условий, что скажется на частоте, интенсивности и месте наводнений и других бедствий, связанных с климатом.

Во всем мире растет число зарегистрированных событий, связанных с опасными климатическими явлениями, которые оказывают негативное воздействие на население. Местные и городские условия подвергаются неодинаковому воздействию, в зависимости от основных угроз и степени подверженности и уязвимости.

События, связанные с опасными природными явлениями, зарегистрированные на национальном уровне, последствия которых демонстрируют тенденцию к росту, а также указывают на относительное постоянство числа зарегистрированных событий, связанных с водной эрозией и заиливанием (по крайней мере, наиболее смертоносных из них с точки зрения человеческих потерь), но указывают на небольшое увеличение числа штормов и наводнений. Во многих департаментах Республики Конго риски, связанные с опасными климатическими явлениями, растут (растут и риски экономических потерь, вызванных такими событиями, хотя случаев гибели людей зарегистрировано меньше). Количество и интенсивность наводнений, засух, оползней и тепловых волн могут оказать серьезное влияние на городские системы и стратегии устойчивости (Фото 1). Изменение климата, вероятно, приведет к увеличению частоты выпадения осадков во многих департаментах Конго в зависимости от географического положения департамента. Такие явления влекут за собой изменения в режиме наводнений, которые способствуют росту тенденций экстремальных колебаний уровня моря, прибрежных и континентальных вод.

Наводнение в Тсиеме и разрушение бетонных ступеней в Садельми

Размыв противоэрозионных сооружений в Ибалико
Фото 1: Ущерб, нанесенный городскому объекту в Браззавиле

Согласно Специальному докладу Межправительственной группы экспертов по изменению климата (МГЭИК) "Управление опасными природными явлениями и экстремальными событиями в целях адаптации к изменению климата" (опубликован в апреле 2012 года), эти экстремальные колебания должны учитываться при разработке будущих планов землепользования и реализации других соответствующих мер. Усиление воздействия с точки зрения подверженности и уязвимости по-прежнему в значительной степени зависит от деятельности человека.

В городском контексте устойчивость перед лицом природных рисков описывает способность города и его жителей справляться с кризисами и их последствиями, а также предвидеть, адаптируя свою инфраструктуру и организацию, реакцию на экстремальные климатические события: волны жары, наводнения, исключительные осадки, засуху, водную эрозию, заиливание.

Город, устойчивый к природным угрозам, характеризуется следующим образом:

- Город, в котором риски сведены к минимуму, поскольку население живет в домах и кварталах, где гарантировано предоставление услуг, а инфраструктура соответствует строительным нормам и правилам, исключая образование неформальных поселений в поймах рек или на крутых склонах из-за нехватки земли;
- Город с инклюзивным, компетентным и ответственным местным правительством, приверженным принципам устойчивого городского

развития и выделяющим ресурсы, необходимые для укрепления собственного управленческого и организационного потенциала до, во время и после возникновения стихийных бедствий;
- Город, в котором местные власти и население понимают риски и создают общую местную информационную базу о потерях, опасностях и природных рисках, что позволяет, в частности, выявить тех, кто подвержен риску и уязвим;
- Город, население которого имеет возможность участвовать в процессе принятия решений и планирования совместно с местными властями и признает ценность знаний, навыков и ресурсов местного населения и коренных народов;
- Город, который принял меры по прогнозированию и смягчению последствий стихийных бедствий, внедряя технологии мониторинга и раннего предупреждения для защиты инфраструктуры, общественных активов и людей, особенно их домов и имущества, а также для сохранения культурного наследия, экологического и экономического капитала. Это также город, который принял необходимые меры для минимизации материальных и социальных потерь, вызванных экстремальными погодными явлениями, водной эрозией, заиливанием, наводнениями и другими природными или антропогенными угрозами;
- Город, способный реагировать, реализовывать стратегии немедленного восстановления и восстанавливать базовые услуги, позволяющие возобновить социальную, институциональную и экономическую деятельность после стихийного бедствия;
- Город, который осознал, что большинство вышеперечисленных элементов также необходимы для повышения устойчивости к негативным воздействиям окружающей среды, в частности к изменению климата, и взял на себя обязательства по сокращению выбросов парниковых газов.

5. Создание устойчивых государств и сообществ

Хиогская рамочная программа действий на 2005-2015 годы: Создание потенциала противодействия бедствиям на уровне государств и сообществ" (ХРПД) была одобрена государствами-членами ООН в 2005 году. С тех пор она используется для формирования национальной политики и руководства международными организациями в их усилиях по существенному сокращению потерь, вызванных стихийными бедствиями. В подробной и всеобъемлющей Рамочной программе действий рассматривается роль государств, региональных и международных организаций, а также предлагается гражданскому обществу, научным кругам, волонтерским организациям и частному сектору присоединиться к усилиям, которые необходимо предпринять. Она поощряет децентрализацию полномочий и ресурсов, чтобы способствовать снижению природных рисков на местном уровне.

Ожидаемые результаты Хиогской рамочной программы действий - значительное сокращение потерь от стихийных бедствий как в человеческих жизнях, так и в социальных, экономических и экологических активах соответствующих сообществ и стран. В Хиогской рамочной программе действий обозначены следующие пять приоритетных направлений деятельности:

- Укрепление институционального потенциала: обеспечить, чтобы снижение риска было национальным и местным приоритетом и чтобы существовала прочная институциональная основа для проведения соответствующих мероприятий;
- Определение рисков: выявление, оценка и мониторинг рисков бедствий, а также укрепление систем раннего предупреждения;
- Обеспечение понимания и осознания рисков: использование знаний, инноваций и образования для формирования культуры безопасности и устойчивости на всех уровнях;
- Снижение рисков: уменьшение основных факторов риска с помощью планирования землепользования и рациональных экологических, социальных и экономических мер;
- Быть готовым и действовать: укрепление готовности к стихийным бедствиям, чтобы мы могли эффективно реагировать на них на всех уровнях.

6. Преимущества инвестиций в снижение природных рисков и повышение устойчивости к ним

Существует множество причин, по которым президент Республики Конго Дени Сассу-Нгуэссо уделяет постоянное внимание проблеме устойчивых городов. В рамках своей политической программы президент Республики Конго освещает программу действий по устойчивому развитию городов

Конго. Дени Сассу-Нгуэссо выступает за создание "зеленых" городов и снижение природных рисков, что может стать исторической возможностью для его страны.

Применение превентивного подхода к защите приведет к улучшению экологических, социальных и экономических условий в Конго. Более того, снижение экологических рисков может также активизировать борьбу с будущими переменными изменениями климата и повысить благосостояние и безопасность конголезского народа.

Денис Сассу-Нгуэссо считает, что, согласно Чэндускому заявлению о действиях, "не существует такого понятия, как "стихийное" бедствие"[5]. Опасные природные явления, такие как наводнения, водная эрозия, заиливание и сильные ветры, становятся бедствиями из-за уязвимости человека и общества и подверженности соответствующим рискам, однако с ними можно бороться с помощью решительной и решительной политики и мер, а также при активном участии местных заинтересованных сторон. Уменьшение опасности стихийных бедствий - это инвестиции, которые не вызывают сожалений и защищают жизни, имущество, средства к существованию, школы, предприятия и рабочие места".

Преимущества такого подхода заключаются в следующем:

Укрепление лидерства местных властей
- Укрепление доверия и легитимности местных политических структур и органов власти, а также гражданского общества;
- Новые возможности для децентрализации навыков и оптимизации человеческих ресурсов;
- Соответствие международным и национальным стандартам и практикам.

Социальные и человеческие выгоды
- Сохранение жизни и имущества в условиях стихийных бедствий и чрезвычайных ситуаций, а также значительное сокращение числа погибших и получивших серьезные травмы;
- Активное участие граждан и создание платформы для местного развития;

---

[5] Заявление о действиях в Чэнду, август 2011 г.

- Защита имущества и культурного наследия общин, а также сокращение потерь ресурсов, выделяемых городом на ликвидацию последствий стихийных бедствий и восстановление.

Экономический рост и создание рабочих мест
- Страховые инвесторы ожидают меньших потерь от стихийных бедствий, что ведет к увеличению частных инвестиций в дома, здания и другую недвижимость, отвечающую стандартам безопасности;
- Увеличение капитальных вложений в инфраструктуру, особенно в модернизацию, обновление и реконструкцию;
- Увеличение налоговой базы, расширение возможностей для бизнеса, экономический рост и увеличение занятости, поскольку более безопасные и лучше управляемые города привлекают больше инвестиций.

Улучшение условий жизни в населенных пунктах
- Сбалансированные экосистемы, снижающие уровень загрязнения и способствующие оказанию таких услуг, как снабжение пресной водой и рекреационные мероприятия;
- Улучшение образования для повышения безопасности школ, улучшения здоровья и благополучия;

Сеть городов, связанных с национальными экспертными знаниями и ресурсами
- Растущая сеть городов и партнеров, приверженных идее устойчивости к бедствиям, для обмена передовым опытом, инструментами и знаниями;
- Более широкая база знаний и более информированные граждане.

Подлинно партисипативные подходы дают возможность расширить масштабы инновационных местных инициатив по повышению устойчивости. Важным фактором в этом процессе являются отношения между городскими властями и жителями, подверженными наибольшему риску, а также четкая и прямая реакция властей на приоритетные запросы сообществ.

Инвестиции в устойчивость - это возможность
Если не уделять внимания снижению природных рисков, это может привести

к серьезному ухудшению состояния экономики и экосистем, а также к потере доверия населения и инвесторов. Частые стихийные бедствия с небольшими или средними последствиями, а также крупномасштабные события нарушают снабжение населения основными услугами - распределение продуктов питания, водоснабжение, здравоохранение, транспорт, утилизацию отходов, а также местные системы связи и коммуникации с остальным миром. Частные инвесторы и компании рискуют не вкладывать средства в города, которые, по их мнению, не принимают специальных мер по снижению рисков.

Денис Сассу Нгуессо подчеркивает, что для того, чтобы избавиться от ощущения, что бюджет, выделяемый на управление природными рисками, конкурирует за ограниченные бюджетные ресурсы с другими приоритетами, снижение рисков должно стать неотъемлемой частью развития городов Конго-Браззавиля. Комплексное управление природными рисками становится более привлекательным, когда оно может одновременно удовлетворять потребности многих заинтересованных сторон и решать конкурирующие приоритетные задачи. В целом, стимулы наиболее сильны, когда управление природными рисками вносит заметный и очевидный вклад в повышение экономического и социального благосостояния людей. Например:

- Хорошо спроектированные и правильно дренированные дороги, не вызывающие оползней и наводнений, позволяют беспрепятственно перевозить грузы и людей в любое время;
- Безопасные школы и больницы гарантируют безопасность детей, пациентов, преподавателей и медицинских работников;

Снижение природных рисков является неотъемлемой частью концепции Дениса Сассу-Нгуэссо по обеспечению устойчивого развития в экологической, экономической, социальной и политической сферах. Это можно проиллюстрировать следующим образом:

- **Политическая - институциональная сфера**
- Содействие межведомственной координации и лидерству в снижении риска бедствий;
- Укрепление институционального потенциала и выделение необходимых ресурсов;
- Приведение городского и местного развития в соответствие с принципами снижения природных рисков;

- **Социальная сфера**
- Обеспечение доступа к основным услугам для всех и создание систем социальной защиты после стихийных бедствий;
- Выделите безрисковые земли для всех стратегических видов деятельности и жилья;
- Поощряйте участие всех заинтересованных сторон на всех этапах процесса и укрепляйте общественные союзы и сети.

- **Экологическая сфера**
- Защита, восстановление и улучшение экосистем, водосборных бассейнов, прибрежных зон и внутренних вод;
- Принятие экосистемного управления рисками ;
- Возьмите на себя твердое обязательство снизить уровень загрязнения, улучшить управление отходами и сократить выбросы парниковых газов.

- **Экономическая сфера**
- Диверсификация местной экономической деятельности и реализация мер по сокращению бедности;
- Планируйте непрерывность бизнеса, чтобы избежать сбоев в работе служб в случае катастрофы;
- Ввести стимулы и наказания, чтобы повысить устойчивость и улучшить соблюдение стандартов безопасности.

ГЛАВА 3: Переосмысление разрастания городов в Конго: на пути к устойчивому развитию городов

Будущий прогресс в решении основных экологических, экономических и социальных проблем - таких, как изменение климата и доступ к недорогому жилью, - будет зависеть от того, как будут развиваться города в ближайшие годы. Эта книга не только знаменует собой важный шаг в оценке моделей урбанизации и анализе их последствий, но и предлагает перечень мер, которые необходимо принять, чтобы направить конголезские города по пути зеленого и инклюзивного роста.

Концепция разрастания городов - это особая форма урбанизации, которая объясняет некоторые из основных проблем, стоящих перед конголезскими городами, таких как выбросы парниковых газов, загрязнение атмосферы, перегруженность дорог и нехватка доступного жилья, заиливание и водная эрозия. Таким образом, разрастание городов - это сложное явление, выходящее за рамки средней плотности населения. Его различные аспекты отражают распределение населения в городском пространстве и степень фрагментации городской территории.

В целом урбанизация приводит к росту зависимости от автомобиля и увеличению расстояния между городами, что сопровождается увеличением количества пробок, выбросов парниковых газов и загрязнения воздуха. В результате резко возрастает стоимость общественных услуг, необходимых для обеспечения благосостояния, таких как водоснабжение, энергоснабжение, санитария и общественный транспорт.

Для этого необходимо срочно принять целенаправленные и согласованные меры на разных уровнях власти, чтобы направить урбанизацию на траекторию устойчивого развития. Это также имеет решающее значение для достижения целей, поставленных в Парижском соглашении и Целях устойчивого развития, определенных ООН. Усилия должны быть направлены на введение соответствующих цен на проезд и парковку автомобилей, а также на инвестиции в необходимую инфраструктуру для общественного транспорта и немоторизованных видов передвижения. В то же время необходимо реформировать политику землепользования, которая способствует разрастанию городов. Директивным органам следует пересмотреть ограничения на плотность застройки, пересмотреть политику контроля за разрастанием городов и разработать новые рыночные инструменты для стимулирования плотности застройки там, где она наиболее необходима.

1. Индикаторы разрастания городов

Сложное для понимания понятие "разрастание городов" означает форму урбанизации, характеризующуюся низкой плотностью населения, которая может принимать различные формы. Размеры разрастания городов измеряются на основе семи показателей, описанных в таблице 1. Разрастание городов может происходить даже в городских районах с высокой средней плотностью населения, особенно если значительная часть населения проживает в районах с низкой плотностью. Это явление также сопровождает прерывистую, рассеянную и децентрализованную урбанизацию, например, в городах, где значительная часть населения разбросана по большому количеству несмежных городских районов.

2. Основные факторы, способствующие разрастанию городов

Разрастанию городов способствуют демографические, экономические, географические, социальные и технологические факторы. Например, рост доходов населения, предпочтение жилых районов с низкой плотностью застройки, естественные барьеры для урбанизации на одной территории и технологический прогресс в производстве автомобилей.

Прежде всего, разрастание - это результат действий правительства, в частности, ограничения плотности, планов землепользования и налоговых режимов, которые несовместимы с социальными издержками урбанизации с низкой плотностью населения, или недооценки внешних эффектов автомобиля и огромных инвестиций в дорожную инфраструктуру.

3. Предпочтение отдается жилым районам с низкой плотностью застройки

Привлекательность районов с низкой плотностью застройки, как правило, объясняется некоторыми их особенностями: близостью к открытым пространствам и природной среде, более низким уровнем шума, лучшим качеством воздуха, более длительным воздействием естественного света и лучшей видимостью местности.

4. Правила землепользования

Ограничение высоты зданий является значительным препятствием на пути к созданию компактного города, особенно когда правила чрезмерно ограничивают. Меры, направленные на борьбу с разрастанием городов, такие как разграничение городской застройки и создание зеленых поясов, могут способствовать более компактной урбанизации, но в то же время рискуют привести к фрагментарной и прерывистой урбанизации.

5. Меры по стимулированию поездок на автомобиле

Разрастанию городов, вероятно, также способствует отсутствие политики, которая учитывала бы социальные издержки, связанные с загрязнением воздуха, изменением климата и пробками, в расходах на владение и использование автомобиля (например, плата за проезд), которые несут отдельные граждане.

ГЛАВА 4: Сохранение окружающей среды

Очевидно, что разрастание городов имеет серьезные экологические, экономические и социальные последствия. Оно увеличивает выбросы вредных веществ в атмосферу от автомобильного транспорта, приводит к исчезновению открытых пространств и экологических объектов. Кроме того, оно увеличивает стоимость предоставления основных общественных услуг, создавая нагрузку на финансы местных властей. Наконец, она снижает доступность жилья, поскольку ее основные факторы ограничивают предложение в ключевых районах.

1. **Последствия для окружающей среды**

Разбросанная урбанизация характеризуется большими расстояниями между домом, работой и другими пунктами ежедневного назначения. Эти расстояния легче преодолеть на личном автотранспорте, поскольку районы с низкой плотностью населения, как правило, плохо обслуживаются общественным транспортом.

Это означает рост транспортной активности в пересчете на километры пробега, ухудшение загрязнения воздуха и увеличение выбросов парниковых газов.

Разрастание застроенной территории также означает более активное вмешательство человека в ряд важнейших экологических процессов, что может негативно сказаться на качестве воды и повысить риск наводнений.

2. **Экономические и социальные последствия**

Давно известно, что разрастание городов увеличивает стоимость предоставления основных общественных услуг в расчете на одного пользователя. Распределение воды, канализация, электроснабжение, общественный транспорт, утилизация отходов и услуги по мониторингу относятся к числу услуг, необходимых для обеспечения благосостояния, которые гораздо дороже предоставлять в разрозненных районах с низкой плотностью населения. В результате либо снизится качество услуг, либо потребуется больше субсидий для финансирования их предоставления.

Урбанизация с низкой плотностью населения способствует тому, что города становятся менее многолюдными, поскольку меры регулирования, благоприятствующие такому типу застройки (например, ограничения на высоту зданий), могут снизить предложение жилья и его доступность.

3. Восприятие устойчивых городов, устойчивых сообществ

Растущая культура участия общественности часто упоминается в качестве одного из наиболее ярких примеров успешного развития процессов устойчивого развития на местном уровне во всем мире. Для многих лиц, принимающих решения, и других граждан эти изменения в управлении сами по себе рассматриваются как важный шаг на пути к более устойчивым городам.

Если учесть, что успех устойчивого развития на местном уровне также зависит от радикального изменения индивидуального образа жизни, то диалог, основанный на доверии между различными группами, составляющими местное сообщество, вполне может стать одним из важнейших ресурсов, необходимых для осуществления перемен. История участия общественности в жизни муниципалитетов в Латинской Америке и Африке показывает, что такой диалог не только способствует укреплению доверия, но и помогает осознать общую ответственность за развитие.

В результате люди с большей вероятностью будут платить за коммунальные услуги, что приведет к увеличению доходов местных властей и, при дополнительных инвестициях, к повышению качества жизни жителей. Каладугу (Мали) - один из городов, который работал над улучшением коммуникации с жителями в партнерстве с канадским городом Монктон и менее чем за шесть месяцев увеличил свои доходы на 25 %[6].

Во многих странах именно местные органы власти, как "уровень управления, наиболее приближенный к народу" (Повестка дня на XXI век), добровольно инициировали и затем развивали практику участия общественности, зачастую вкладывая значительные кадровые и финансовые ресурсы в подготовку и содействие этим процессам. Тем самым местные органы власти внесли большой вклад в просвещение и расширение прав и возможностей граждан, и не только в области устойчивого развития.

Развитие новых технологий оказало значительное влияние на процессы участия, упростив для граждан возможность выражать свое мнение. Расширение доступа к Интернету позволило охватить новые социальные группы, снизить затраты на процессы участия - например, используя онлайн-сообщества вместо личных встреч - и

развитие более индивидуального взаимодействия между горожанами и

---

[6] 8. FCM (2010), "Муниципалитеты за рубежом. Участие канадских муниципалитетов в международных программах FCM", стр. 11.

городскими лидерами - например, через социальные сети.

С учетом того, что новые приложения появляются практически ежедневно, а мобильные телефоны распространяются даже в развивающихся странах, потенциал использования этих технологий для ускорения местного устойчивого развития огромен. Что еще более важно, онлайн-технологии создают новые возможности для участия, которые переосмысливают участие местного населения, продвигая его к коллективному совместному производству знаний и услуг[7].

Хотя сегодня право на участие общественности в устойчивом развитии может показаться очевидным, только в 1998 году была подписана Орхусская конвенция[8] о доступе к информации, участии общественности в принятии решений и доступе к правосудию по вопросам окружающей среды Европейской экономической комиссии ООН (ЕЭК ООН)[9][10].

Конвенция вступила в силу три года спустя, а к концу ноября 2011 года ее подписали уже сорок пять сторон. Она сыграла настолько важную роль в обеспечении большей прозрачности в вопросах охраны окружающей среды, что ее распространение на глобальном уровне стало одним из ожиданий, сформулированных на конференции "Рио+20".

4. Положение дел на конференции: Рио+20

Продолжительность жизни нынешних поколений выше, чем у всех предыдущих. Это отражает уровень развития, достигнутый современными обществами. Однако впервые прогнозируется, что жизнь будущих поколений будет не лучше, чем у их родителей. Именно эту задачу решает Целевая группа высокого уровня, созданная Генеральным секретарем Организации Объединенных Наций и обсуждавшаяся на саммите "Рио+20". Очень тревожно видеть контраст между обществом, достигшим колоссального развития, и обществом, которое в то же время подвергает экосистемы, поддерживающие жизнь, огромному стрессу. Поиск ответа на

---

[7] Более подробную информацию о совместном производстве в контексте местного управления см. в документе "Совместное производство услуг. Итоговый отчет", Инициатива местных властей и исследовательских советов 2010 г., доступный на сайте www.rcuk.
ac. uk/documents/innovation/l arci/Larci C oproduction Summary .pdf
[8] См. www.unece.org/fileadmin/DAM/env/pp/documents/cep43f.pdf
[9] См. www.unece.org/env/pp/welcome.html
[10] ООН (2012), "Ради будущего людей и планеты: выбор в пользу устойчивости" Резюме доклада Группы высокого уровня по глобальной устойчивости при Генеральном секретаре ООН, доступно по адресу
www.un.org/gsp/sites/default/files/attachments/La%20synth%C3%A8se%20 из%20отчета%20-%20EN.pdf

этот огромный вызов стал темой подготовительного доклада к саммиту Рио+207.

Мир достиг беспрецедентного процветания и благосостояния, но это развитие основывается на массовом использовании ограниченных энергетических ресурсов, что оказывает влияние на хрупкие экосистемы, включая самую чувствительную - климатическую. Проблема, с которой мы столкнулись, имеет этический элемент, уходящий корнями в нашу культурную, этическую и политическую идентичность: обязанность сохранять справедливость по отношению к будущим поколениям. В прошлом усилия предыдущих поколений использовались для того, чтобы обеспечить последующим поколениям более благополучную жизнь.

Задача, которую ставит перед нами "Рио+20", - подтвердить это обязательство перед будущими поколениями, сохранив экологический баланс планеты. Норвегия - пример того, как вместо того, чтобы вкладывать ресурсы, добываемые на нефтяных месторождениях, в благополучие нынешних поколений, мы можем разработать инвестиционную стратегию, гарантирующую будущим поколениям высокий уровень жизни - например, путем развития передовой гидроэлектрической системы.

Эквадор, страна с очень характерными особенностями, становится ценным примером, избегая сегодня эксплуатации нефтяных ресурсов в районе с высоким биоразнообразием - Национальном парке Ясуни, сохраняя это сокровище биоразнообразия для будущих поколений благодаря программе, поддерживаемой Программой развития ООН (ПРООН). Однако именно само развитие, а также правильный взгляд на проблему смогут предложить нам ответ на этот огромный вызов.

Научные исследования, инновационные центры и технологическое развитие всегда носили амбивалентный характер. С одной стороны, они вносят решающий вклад в повышение благосостояния и процветания, но с другой - это развитие имеет побочные эффекты, экологические и социальные экстерналии, которые заставляют пересмотреть это одностороннее восприятие прогресса. Стратегии по снижению воздействия изменения климата требуют нового взгляда на государственную политику. Это не технологическая, а институциональная проблема, требующая новой грамматики управления рисками XXI века.

Борьба с изменением климата должна вестись на основе инклюзивных стратегий, позволяющих противостоять общему злу, в котором личные, местные или национальные интересы больше не могут превалировать в то время, когда появляются коллективные возможности, требующие сотрудничества и взаимозависимости[11].

---

[11] Солана, Х. и Иннерарити, Д. (2011), "Человечество в опасности: глобальные угрозы", Paidós, Барселона.

ГЛАВА 5: Основная проблема изменения климата в городах

В Германии город Мюнхен поставил перед собой цель к 2015 году обеспечить все домохозяйства электроэнергией из возобновляемых источников, и это было бы невозможно без значительного вклада ветроэнергетики. Однако политика регионального правительства Баварии по защите земель тормозила процесс, делая эту цель недостижимой. Вместо того чтобы сдаться, городские власти Мюнхена приняли гораздо более изобретательные меры по повышению энергоэффективности и твердо решили использовать диверсифицированные возобновляемые источники энергии.

Специальный доклад Межправительственной группы экспертов по изменению климата (МГЭИК) "Возобновляемые источники энергии и ограничение изменения климата" ставит задачу к 2050 году обеспечить 80% первичной энергии из возобновляемых источников во всем мире. Города должны сыграть ключевую роль в достижении этой цели. Следуя этому примеру, мэр Мюнхена Кристиан Уде поставил цель достичь 100 % возобновляемой энергии к 2025 году.

Путь, пройденный Мюнхеном, не отличается от пути, пройденного многими другими городами, что дает нам основания для оптимизма. Мюнхен уже производит 2,4 миллиона кВт/ч из возобновляемых источников энергии, что достаточно для обеспечения электричеством 250 000 домов, включая потребности трамвайных путей и метро. Более того, существует план интеграции солнечной, минигидравлической, геотермальной, ветровой и биогазовой энергии с целью обеспечить полное снабжение возобновляемой энергией к 2025 году, достигнув 7,5 млн кВт/ч.

Многие другие города движутся в том же направлении, и каждый из них заслуживал бы отдельной главы, но краткость наших научных размышлений не позволяет нам представить даже частичный перечень. Все они следуют стратегиям, направленным на достижение низкоуглеродных городов путем изменения поведения и привычек людей, что требует просветительской работы для повышения осведомленности о новых задачах.

В Конго-Браззавиле в рамках программы "Устойчивые города" основное внимание будет уделено созданию службы управления отходами в густонаселенных районах на этапе 1 генерального плана, с 2021 по 2025 год.

Однако для обеспечения большей устойчивости после завершения проекта в рамках программы предлагается создать полигоны, необходимые для хранения отходов из густонаселенных районов, до 2030 года.

Целью данного компонента является "содействие улучшению условий жизни населения Нкаи и Овандо в плане санитарии посредством инклюзивного местного управления, учитывающего гендерные вопросы".

Реализация данного компонента программы строится вокруг двух конкретных задач:

СЦ1: Улучшить гигиенические практики населения и управление системами санитарии путем создания устойчивых санитарных служб (санитария отходов и жидкостей).

СЦ2: Усиление возможностей и участия гражданского общества, в частности женских и молодежных организаций, в местном управлении, в частности путем внедрения бюджета, основанного на широком участии.

1. Активные граждане в борьбе с изменением климата

Многие граждане, желающие самостоятельно бороться с изменением климата, теряют силы, сталкиваясь с юридическими препятствиями и слишком жестким рынком. В Великобритании придумали систему Pay As You Save. Это система, в которой пользователь оплачивает кредит, взятый для инвестиций в энергосбережение и энергоэффективность, той частью выгоды, или экономии, которую он получает. Часть этой экономии используется для финансирования инвестиций, а другая часть является прямой чистой экономией[12].

Города и поселки могут сэкономить деньги на уличном освещении без необходимости инвестировать, когда третья сторона оплачивает инвестиции за счет полученной экономии. Такова роль энергосервисных компаний, которые могут расширить возможности для борьбы с изменением климата, как это делает Европейский инвестиционный банк в рамках Соглашения мэров за устойчивую местную энергетику. Фонд аукциона по продаже разрешений на выбросы углекислого газа - еще одна возможность получить финансирование. Граждане также могут использовать свои ресурсы для финансирования проектов через эко-фонды. Например, нюрнбергский

---

[12] DECC (2011), Пилотный обзор проекта "Домашнее энергоснабжение с оплатой по мере экономии". Министерство энергетики и климатических изменений и Фонд энергосбережения (Energy Saving Trust) (сентябрь 2011 г.) см. www.decc.gov.uk/assets/decc/11/meeting-energy-demand/microgeneration/2670-home-energy-pay-as-you-save-pilot-review.pdf.

UmweltBank предлагает своим клиентам конвертируемые облигации на сумму не менее 1 000 евро под 7 % номинального процента, которые инвестируются в ветряную энергию на земле, фотовольтаику и так далее. Это дает компании Elektrizitatswerke Schonau (EWS) доступ к финансированию своих проектов[13].

В Бирмингеме, Саттоне, Страуде и Сандерленде сотни семей участвуют в проектах по повышению эффективности и производят фотоэлектрическую энергию в своих домах. Это настоящая энергетическая революция, идущая из низов, от местных жителей и местных муниципальных властей. Финансирование обеспечивает энергетическая компания, которая делится прибылью с жителями.

Существует множество других способов побудить людей изменить свои привычки. Например, в США принято, чтобы к счетам за электричество прилагалась информация о среднем потреблении в регионе, что помогает потребителям осознать, что потенциал для улучшения ситуации находится в их руках. Шонау, в свою очередь, запустил проект по изменению энергопотребления с конкурсом экономии.

Самое сложное - понять, как соединить части этого пазла, который должен включать все элементы управления. Саммит "Рио+20" предоставил возможность определить наиболее сложные для преодоления барьеры, то есть ментальные и культурные барьеры. В любом случае, этот процесс уже начался.

2. Характеристики зеленого города

Трудно найти определение зеленого города, так как не существует конкретной модели, и его можно определить несколькими способами (Vernay et al., 2010). Идея зеленого города заключается в тщательно спланированном развитии городской среды с целью снижения ее воздействия на окружающую среду. По мнению Хейдена, зеленый город - это целостная концепция, включающая в себя идеи о транспорте, здравоохранении, жилье, городском планировании, энергетике, экономическом развитии и социальном равенстве.

Желание заменить большие одноразовые пространства, ориентированные на автомобили, на многофункциональные сообщества в пределах пешеходной

---

[13] Существуют различные инвестиционные фонды "зеленых" граждан: Verta fonds, OekoEnergieUmweltfonds и др. См. http://www.ventafonds.de/fonds/ oeko-energie-fonds,www.oekoenergie-umweltfonds.de/der-fonds/rendite

доступности", похоже, является частью концепции многих зеленых городов (Heijden, 2010).

Однако изменение городского развития в том виде, в котором мы его знаем, то есть в противоположность устойчивому развитию, является сложным процессом. Речь идет не только об изменении городской формы, транспортных систем, технологий водоснабжения, энергоснабжения и утилизации отходов, но и об изменении основополагающих систем ценностей и процессов городского планирования и управления, чтобы они отражали подход, основанный на устойчивом развитии (Kenworthy, 2006).

Зеленые города - это развитие сообществ, которые не превышают несущую способность экосистемы (Jepson and Edwards, 2005). По мнению Ecocity Builders (2010), зеленый город - это образование, включающее в себя жителей и их воздействие на окружающую среду, экологически безопасное человеческое поселение, подсистему экосистемы, частью которой является город, и подсистему региональной, национальной и глобальной экономической системы.

Зеленый город - это целостный подход, объединяющий администрацию, окружающую среду, промышленную экологию, потребности населения, культуру и ландшафты (Ecocity Builders, 2010). Кенворти (2006) выделил десять параметров для планирования развития зеленого города.

3. Устойчивое развитие и города

За последние несколько десятилетий ряд международных мероприятий способствовал появлению и развитию концепции устойчивого развития. Благодаря участию ряда влиятельных игроков и вовлечению многих стран, устойчивое развитие завоевывает все большую популярность и представляет собой способ мышления и ведения дел по-другому, что должно позволить городам уменьшить свой экологический след.

Первой вехой в эволюции устойчивого развития, каким мы его знаем, несомненно, стала Конференция ООН в Стокгольме в 1971 году (UNEP, n.d). На этой конференции была принята Стокгольмская декларация, в которой излагались первоначальные представления об устойчивом развитии, в частности о необходимости защиты окружающей среды, а также о важности экономического и социального развития (UNEP, n.d.). В 1987 году Комиссия подготовила доклад Брундтланд, в котором устойчивое развитие определяется следующим образом: "удовлетворение потребностей настоящего времени без ущерба для способности будущих поколений удовлетворять свои собственные потребности" (World Commission on

Environment and Development, 1987).

Согласно этому подходу, экономический рост не должен оказывать давление на экосистемы, а должен находиться в равновесии с тем, что экосистема может предоставить в виде энергии и ресурсов.

В ходе конференции в Рио-де-Жанейро был также принят план действий: Повестка дня на XXI век. Это комплексный план действий на глобальном, национальном и местном уровнях, который должен быть принят во внимание организациями-членами ООН и правительствами во всех секторах, где человек оказывает влияние на окружающую среду (United Nations, 2009). Повестка дня на XXI век, которая в основном используется муниципалитетами, объединяет экологические проблемы и стратегии их решения (United Nations, 2004).

В 2002 году в Йоханнесбурге состоялся Всемирный саммит по устойчивому развитию, основной целью которого было подведение итогов выполнения обязательств, принятых на конференции в Рио-де-Жанейро. В ходе саммита страны, подписавшие соглашение, подтвердили свою приверженность содействию устойчивому развитию и принятию мер по выполнению рекомендаций, вытекающих из Повестки дня на XXI век, которые до сих пор не были реализованы на практике, если вообще были реализованы (Debays, 2002).

4. Уязвимость городов перед лицом экологических проблем

Устойчивое развитие - один из принципов, ставший решением многих проблем, в том числе и экологических проблем городов (Pincetl, 2010). Города страдают от физических экологических проблем, таких как загрязнение воздуха, понижение уровня грунтовых вод и загрязнение рек, а также от глобальных проблем (Hens, 2010).

В ближайшие десятилетия города как развитых, так и развивающихся стран будут особенно уязвимы перед лицом таких глобальных экологических явлений, как изменение климата, отсутствие продовольственной и экономической безопасности и нехватка ресурсов (Программа ООН по населенным пунктам, 2009).

Эти факторы будут определять облик городов в следующем столетии, и их необходимо эффективно учитывать, чтобы города были устойчивыми, то есть экологически чистыми, экономически продуктивными и социально активными.

Уязвимость городов перед глобальными экологическими проблемами обусловлена, прежде всего, их большой численностью населения - около половины населения планеты - и уже изменившейся экологией (Hens, 2010). На города также приходится значительная часть глобальных выбросов парниковых газов.

Использование ископаемого топлива и высокое годовое потребление энергии вносят свой вклад в ответственность городов, увеличивая их энергетическую зависимость (Collins et al., 2000).

В ближайшие годы устойчивое развитие городов приобретет важнейшее значение (Программа ООН по населенным пунктам, 2009). Хотя концепцию устойчивого развития по-прежнему сложно применять, существуют местные стратегии, которые, по общему признанию, являются устойчивыми (Pincetl, 2010).

ГЛАВА 6: Концептуальное построение нового урбанизма

Новый урбанизм - это подход, признанный в качестве руководства по устойчивому развитию (Jepson and Edwards, 2005). Этот подход, вдохновленный как небольшими городами на юге США, так и компактными европейскими городами, также следует принципам устойчивого развития. Однако концептуальные рамки нового урбанизма направлены на более локальное применение, чем "умный рост", поскольку основаны на проектах развития и дизайна (Ouellet, 2006).

В отличие от "умного роста", концептуальная структура нового урбанизма уделяет больше внимания архитектурному дизайну, а также качествам и особенностям традиционной городской застройки (Communauté métropolitaine de Québec, 2010). Этот подход в значительной степени ориентирован на городской дизайн. Он делает акцент на визуальном облике и планировке квартала, чтобы улучшить качество жизни (Jepson and Edwards, 2005).

1. Зеленый урбанизм

Зеленый урбанизм - это подход, который включает в себя как городские, так и экологические аспекты. Он подчеркивает важную роль городов и городского планирования в развитии более устойчивых мест, сообществ и образа жизни.

Зеленый урбанизм подчеркивает, что современные подходы к городскому планированию неполны и должны быть расширены с учетом экологии (Beatley, 2000). Зеленый урбанизм в некотором роде является производным от нового урбанизма, но он сильно сфокусирован на окружающей среде, поскольку одной из его основных целей является значительное сокращение экологического следа городов.

Большинство городских дизайнеров сходятся во мнении о следующих принципах зеленого урбанизма:

Города и урбанизированные районы должны быть в приоритете, поскольку именно там потребляется больше всего энергии и производится больше всего отходов;

- Устойчивое развитие наиболее эффективно в городских районах, когда развитие основано на принципах устойчивого городского развития;

- Вопросы, касающиеся методов городского планирования, плотности, общественного транспорта, разрастания городов, управления водными ресурсами, ориентации на солнце, освещения, дневного света, систем зданий, цепочек поставок и т. д., являются абсолютно ключевыми в процессе принятия решений по городскому дизайну;

- Модель компактного, многофункционального города представляет собой оптимальное использование пространства и будущего землепользования города (Lehmann, 2007).

Как и новый урбанизм, зеленый урбанизм фокусируется в основном на инфраструктуре. Таким аспектам, как сообщество и энергетика, уделяется мало внимания. В отношении этого подхода к развитию существует меньше консенсуса, чем в отношении других представленных подходов. Определение и цели остаются расплывчатыми, а принципы не получили единодушного признания.

2. Эко-район

На первый взгляд, эко-квартал - это проект, в котором воплощены принципы устойчивого развития, прежде всего, с использованием новых экологических технологий, позволяющих максимально снизить энергопотребление и экологический след.

Цели экососедства здесь и сейчас - улучшить качество жилой среды, снизить воздействие на окружающую среду и энергопотребление в районе, а также обеспечить более эффективное управление поездками. Принципы развития экососедства представлены в таблице 2.

Таблица 2 Принципы развития экорайона

Инновационная и устойчивая архитектура: эко-дизайн
- Использование экологичных материалов, таких как дерево или материалы, содержащие переработанные волокна, повышенная теплоизоляция и воздухонепроницаемость, открытость окон солнцу.

Управление водными ресурсами и их очистка
- Сокращение потребления питьевой воды и экологически безопасное использование дождевой воды;
- Соблюдение круговорота воды.

Энергоэффективность
- Использование новых технологий, таких как геотермальная энергия для обогрева и охлаждения зданий, а также возобновляемые источники энергии, в частности солнечная энергия.

Зеленые насаждения, растительное наследие и биоразнообразие
- Создание зеленых зон, посадка деревьев и устройство зеленых крыш для снижения тепловыделения зданий и дорожных покрытий. Производство и обработка остаточных материалов
- Комплексное управление остаточными материалами в рамках проекта путем селективной сортировки, переработки, компостирования и регенерации.

Парковка
- Подземные паркинги для уменьшения площади поверхности и создания тепловых островов;
- Установление максимального количества парковочных мест.

Транспорт: мягкие и чистые системы передвижения
- Развитие сети улиц, предназначенных для поощрения пешеходного движения;
- Поощрение использования общественного транспорта для сокращения использования автомобилей, загрязнения воздуха, потребления энергии и выбросов парниковых газов;
- Создание сети пешеходных и велосипедных дорожек, способствующих активному передвижению.

Источник: Аноним, 2012

По мнению Министерства экологии, устойчивого развития, транспорта и жилищного строительства Франции (2011), экоквартал - это образцовый проект устойчивого развития, который помогает улучшить качество жизни, принимая во внимание вызовы будущего. Согласно Европейской сети устойчивого городского развития, создание экососедства должно осуществляться на основе проектного подхода, направленного на достижение следующих целей:
- Решение основных проблем планеты: парниковый эффект, истощение природных ресурсов, сохранение биоразнообразия и т.д;
- Решение местных проблем: рабочие места, деятельность, социальное равенство, мобильность, культура, повышение качества жизни местных жителей и удовлетворение их ожиданий;

Вклад в устойчивое развитие муниципалитета или конурбации: стратегия постоянного совершенствования, воспроизводимость и т.д. (Европейская сеть устойчивого городского развития)

Экорайон отличается от других подходов к развитию тем, что он ограничивается одним микрорайоном и не распространяется на весь муниципалитет. Его цель - создать устойчивое сообщество в пределах микрорайона, но он не затрагивает развитие за его пределами.

4. Устойчивое соседство

Устойчивое соседство очень близко к определению экососедства, за исключением того, что оно основано на более глобальном подходе. Более того, у устойчивого квартала есть своя собственная сертификация LEED-ND, представленная в разделе 1.4. Таким образом, устойчивое соседство становится контролируемой категорией (Communauté métropolitaine de Québec, 2010). Следующие элементы являются принципами, которые должны соблюдаться при присвоении статуса устойчивого квартала в Квебеке:

Компактная застройка с упором на плотность и укрупнение зданий;
- Разнообразие и баланс городских функций;
- Разнообразие типологии жилых домов;
- Перепланировка в пределах городской застройки и переоборудование существующих зданий;
- Улучшение доступности различных городских функций за счет сокращения расстояний между местами работы, жилыми районами, службами и магазинами;
- Развитие и доступность общественных пространств;
- Строительство "зеленых" зданий, сертифицированных LEED, на территории комплекса;
- Минимизация воздействия на участок при проектировании и строительстве;
- Сохранение природных ресурсов;
- Эффективное управление санитарными и ливневыми водами;
- Снижение зависимости от автомобиля;
- Реализация мер по поощрению использования активного и общественного транспорта (Коммуна метрополии Квебека, 2010).

Термин "устойчивый район" часто путают с экорайоном. Хотя в Квебеке эти термины представляют собой разные образования, так происходит не везде. Во Франции после многочисленных случаев путаницы термин écoquartier был принят для обозначения как экорайонов, так и устойчивых кварталов (European Network for Sustainable Urban Development,). Эта путаница, связанная со схожестью двух подходов, усложняет применение этих подходов к развитию.

5. Зачем нужно экосистемное мышление?

Демографический взрыв последних десятилетий привел к ряду диспропорций, а также к очень агрессивному процессу урбанизации. Более двух третей населения Европы проживает в городах. Являясь жизненно важным центром региона, город представляет собой функциональный и динамичный ансамбль искусственных и полуестественных систем. В этом ансамбле доминируют потребители, а регулируется он процессами обратной связи, в основном социально-экономическими системами через политическую составляющую и процесс принятия решений.

Несмотря на ограничения, это определение подразумевает, что город можно и нужно рассматривать как особую экосистему, и что его жизнь зависит от того, насколько его функционирование соответствует законам экологии.

Он также обращает внимание на сложность структуры и функционирования городов. Возникают вопросы: какова ситуация? Почему она такая, какая есть? И как мы должны действовать? могут быть решены только с помощью междисциплинарных исследований и глобальной, системной интерпретации. Такой подход не прост. Он предполагает серьезный конфликт интересов, значительные человеческие и материальные усилия и многочасовые исследования для поиска оптимальных решений.

ГЛАВА 7: Характеристики городской экосистемы

Город разрастается все быстрее, вытесняя традиционный природный и/или сельский ландшафт городским;

-Увеличение численности городского населения происходит в основном за счет массовой иммиграции, в гораздо меньшей степени за счет естественного прироста;

-Первичное производство, которое крайне ограничено, заменяется массовым притоком материалов, иногда из очень далеких мест;

Потребление энергии растет в геометрической прогрессии и основывается в основном на невозобновляемых ресурсах;

- Биогеохимические циклы неполны и очень часто в них вмешиваются загрязняющие вещества, что снижает параметры качества окружающей среды;

- Биоразнообразие низкое, причем городская среда благоприятствует прежде всего "урбанофильным" организмам;

-Пищевые сети сильно упрощены, с короткими трофическими цепями и высокими потерями энергии;

- Отходы не перерабатываются разлагающими организмами, а накапливаются на ограниченных поверхностях или разрушаются с дополнительными затратами энергии;

- Город прямо и косвенно изменяет комплекс экосистем в пригородной зоне и даже экосистемы, расположенные на значительном удалении;

- Саморегулирование обычно заменяется искусственным регулированием, осуществляемым центром управления (политикой).

1. **Потоки в городской экосистеме**

Городскую экосистему пересекают определенные потоки, необходимые для ее функционирования. Ресурсы, вовлеченные в эти потоки (вода, энергия, сырье и т. д.), подвергаются более или менее значительным и прогрессирующим качественным и количественным изменениям, которые определяют социально-экономическую деятельность города и имеют серьезные последствия для окружающей среды. Для того чтобы ограничить негативные последствия, необходим экосистемный подход к этим потокам.

Так, например, вода, проходящая через городскую систему, обычно страдает как от серьезных изменений в ее качестве, так и от переходов и трансформаций из одной категории в другую: грунтовые воды, поверхностные воды, водяной пар. Именно эти качественные изменения между входом и выходом необходимо максимально сократить. Этого можно достичь путем правильной и полной очистки сточных вод и соответствующего управления водными потоками. Кроме того, необходимо заранее планировать исключительные паводки.

2. Как действовать

Правильные решения для каждой конкретной ситуации могут быть определены следующим образом: хорошее знание реальности каждого города, понимаемого как часть материальной реальности;
- совместное обязательство всех участников действовать;
- работа в сложных, квалифицированных командах;
- разработка планов экологического управления, принятых сообществом после конструктивного "диалога".

3. Восприятие и уязвимость населения к рискам эрозии в городских районах

Восприятие эрозионного риска - это представление явления через ощущения. Это также способ осознания, познания, осмысления, различения и понимания с помощью рассуждений. Мы изучаем, что чувствуют люди во время дождя в городской среде. Акцент был сделан на чувствах и мерах предосторожности людей во время дождя. Восприятие риска эрозии является основополагающим элементом в изучении эрозии и управления рисками. Знание и осведомленность людей о риске эрозии помогает ограничить ущерб. Осведомленность и знание о риске являются продуктом восприятия. Уязвимость населения оценивалась по методам, которые оно рекомендует или использует для борьбы с эрозией. С этой точки зрения, восприятие людьми средств борьбы с эрозией в определенной степени является показателем их уязвимости перед этим явлением. Поэтому мы исследовали этот параметр, то есть средства, которые люди используют для защиты от эрозии или для борьбы с ней, в зависимости от пола и уровня образования. Кроме того, чтобы обобщить различные результаты, полученные в отношении уязвимости населения к риску эрозии в кварталах исследуемого района, мы будем опираться на элементы, упомянутые в начале этой главы. Эти элементы можно расположить на шкале от наличия до отсутствия эрозионного риска. Их сочетание определяет так называемую виновность, другими словами, предел свободы жилища, способность или неспособность действовать (Sen, 1999). Однако мы пытаемся перечислить причины, которые подвергают население и среду обитания эрозионному риску.

В целом обследованные группы населения обладают относительно низкой способностью к самозащите. Однако между семьями существуют четкие различия.

Однако социальная защита, доступная этим семьям, относительно слаба, но она также может быть дифференцированной, особенно для тех, у кого есть средства. Уязвимость населения перед риском эрозии - реальность, подтвержденная свидетельствами местных жителей. Различные виды ущерба, наносимого эрозией, свидетельствуют о неспособности местных жителей, отсутствии у них ресурсов и технических знаний остановить продвижение различных оврагов.

4. Чувство страха

Исследование показало, что в различных районах города Браззавиль в среднем 91,3% опрошенных людей живут в состоянии крайнего страха. В основном этот страх подогревается близостью оврагов, разрушающих дома. В Массине 89,7 % респондентов живут в страхе; то же самое можно сказать и о Матари, где этот показатель составляет 83,3 %. Эти цифры свидетельствуют о хорошем восприятии риска и угрозы населением. Это открывает парадигму взаимности. Эта парадигма прослеживается в тенденциях, наблюдаемых в Кингуари и Кинсунди, где от 80 до 86 % респондентов также испытывают беспокойство, когда идут дожди. Такое положение дел свидетельствует о движении упомянутой парадигмы, которая задается и закрепляется через идентичность отношений между окружающей средой и людьми.

ГЛАВА 8: Боязнь оврагов - чувство, широко разделяемое местными жителями.

В целом, очевидно, что чуть более трех четвертей людей боятся последствий схода оврагов. Это чувство страха усиливается в дождливые периоды, и его разделяют жители как сельских, так и городских районов. Уровень страха не одинаков, потому что в городах он выше, чем в сельской местности. Страх выше в городских районах из-за большого количества оврагов, которые наносят ущерб городам.

Наступление этих оврагов рассматривается как реальная опасность. A. Colmar, C. Walter, Y. Le Bissonnais, G. Aké (2010) в регионе Бонуа (юго-восток Кот-д'Ивуара) показывают, что жители этого региона испытывают страх в периоды дождей. Чувство страха, испытываемое этим населением, усиливается из-за риска эрозии, которая ухудшает состояние окружающей среды. В исследованиях Б. Коколо (2012) подчеркивается, что люди испытывают постоянное чувство страха, которое можно объяснить тем, что количество оврагов увеличивается с каждым дождливым эпизодом. Даруссин (Daroussin, 2010) утверждает, что чувство страха очень сильно у местных жителей, которые считают, что эрозия - это настоящая экологическая проблема, уничтожающая все на своем пути.

А. Андонги (2008) в Браззавиле отмечает, что человек воздействует на этот физический процесс, увеличивая или уменьшая его. В микрорайонах 69 и 173 в Микалу вредная деятельность человека представлена в основном выемкой грунта, строительством жилых домов и дорог. Водная эрозия почвы возникает в результате взаимодействия статических и динамических факторов. Статические факторы связаны с уязвимостью земли. Они представляют собой неотъемлемую характеристику окружающей среды, зависящую от природы земли и не зависящую от динамических факторов.

Осадки запускают процесс водной эрозии, а растительность ограничивает этот процесс, что позволяет отнести разрушительный эффект к климату, а защитный - к растительности. В зависимости от того, как человек осуществляет свою деятельность, он может оказывать положительное или отрицательное влияние на процесс водной эрозии в Микалоу. Статистическая интерпретация полевых данных показывает, что именно деятельность человека в наибольшей степени повышает уязвимость земли перед воздействием воды (дождевой или стоковой).

1. **Восприятие людьми причин эрозии**

Существует ряд причин эрозии в городах Африки к югу от Сахары, включая отсутствие дренажных каналов и неустойчивость местности. Однако в разных городах эти причины воспринимаются по-разному. Отсутствие дренажных каналов. В Киншасе отсутствие водостоков объясняется плохой политикой городского планирования. Что касается хрупкости местности, то это связано с топографией местности, то есть с крутыми склонами и формой холмов, предрасполагающих город к водной эрозии. Помимо научных причин, среди причин эрозии также считаются джинны или сверхъестественные духи (Ilunga, 2006).

Л. Нгассаки-Игнонги (2010), который показал, что жители кварталов Нгамакоссо и Мама Мбуале-Пети-Шозе имеют хорошее представление о причинах эрозии. Задача состояла в том, чтобы показать, как эти показатели могут способствовать лучшему пониманию уязвимости участка.

Через перечисление причин, проявлений (очень эффектные регрессивные овраги, подмывание фундаментов домов и деревьев) и вытекающих последствий (потеря жилья, расширение маргинальных земель, различные аварии с человеческими жертвами или без них, заиливание жилых участков или хижин, прорыв дамб и др.)).

2. **Уязвимость населения к риску эрозии**

В традиционном анализе риск ассоциируется с опасностями и уязвимостью, причем последняя представляется бедной родственницей, в то время как опасностям уделяется все внимание. Отчасти это связано с историей исследований риска, а отчасти - с самим понятием уязвимости, которое трудно определить. Этот термин фактически полисемичен: различные участники используют его по-разному и иногда несовместимо. Кроме того, проблема заключается в операционном характере этого понятия. Тем не менее, чтобы упростить ситуацию, уязвимость можно определить либо как ущерб, понесенный объектом, либо как склонность объекта к такому ущербу. Любая система, подлежащая защите, имеет переменную степень уязвимости перед опасностью, или внутреннюю степень уязвимости, которая зависит от конкретных характеристик системы. Кроме того, присутствие человека на этих хрупких участках создает более благоприятные условия для обострения эрозионных явлений. Поскольку среда обитания уязвима, крыши домов увеличивают объем воды, которая падает прямо на землю, а поскольку дороги и другие отводы проложены не по направлению склона, рыхлая почва уносится потоками воды. Эрозию можно уменьшить, если постоянно повышать осведомленность населения, отводить сточные воды и запрещать людям жить в зонах риска.

Местные жители знают о формах, причинах и последствиях эрозии в своих районах. Зачастую они с небольшим успехом применяют несколько способов борьбы с этой проблемой: высаживают растительность, размещают мешки, наполненные землей, мусором и покрышками. Несмотря на эти шаткие подходы, явление эрозии остается для них постоянной проблемой из-за нехватки финансовых средств, что не позволяет им проводить габионаж и другие работы, необходимые для стабилизации земли. Эти инициативы и взгляды, помогающие снизить риск эрозии, могут быть использованы.

Исходя из этого, Б. Майима и Л. Ситу (2013) сосредоточили внимание на уязвимости населения перед водной эрозией в городских районах. Водосборные бассейны рек Мфилу и Кингуари находятся к юго-западу от Браззавиля. В этих водосборных районах динамика эрозии вызывает серьезную озабоченность в связи с тем, что она постоянно наносит ущерб. Агрессивность дождей является основной причиной этой эрозии, которая усиливается несколькими усугубляющими факторами: сбросом воды на улицы и отсутствием дренажа.

Полевые работы включали в себя описание явления эрозии и измерение средних размеров (длина, ширина, высота) основных форм оврагов. Эти измерения использовались для расчета площадей поверхностей, а затем и объемов образовавшихся пустот. Овраги были разделены на секции таким образом, чтобы каждая секция имела геометрическую форму. Основными геометрическими формами были прямоугольные и трапециевидные призматические сечения.

Расположение дорог на склонах с уклоном более 20 %, плотность населения, которая приводит к уплотнению почвы, а также опасное занятие уязвимых мест из-за размывания песчаного материала. Неисправности в системах отвода дождевой воды и сбора мусора - лишь некоторые из факторов, делающих стоки столь разрушительными.

3. Медленное появление уязвимости

Пределы защиты показали неадекватность сосредоточения внимания исключительно на опасности. Ученые и инженеры, особенно в Соединенных Штатах, попытались привнести социальный компонент через концепцию ставки. Первоначально целью было просто оценить физическое воздействие опасности на эти проблемы с точки зрения ущерба. Постепенно была выявлена взаимосвязь между ущербом и физической устойчивостью объекта, то есть его хрупкостью. В то же время мы подчеркиваем необходимость учета степени воздействия.

В то же время социальные науки подчеркивают важность социальных факторов и показывают, что существует социальная уязвимость, т.е. хрупкость, присущая рассматриваемым вопросам, которая зависит от когнитивных, социально-экономических, политических, правовых, культурных и других факторов. Уязвимость определяется как неспособность справиться с опасностью (способность к преодолению). Она зависит от ряда факторов: способность предвидеть возникновение опасности, способность адаптироваться к существованию этой опасности (знание/прогнозирование/предупреждение); способность адаптироваться к существованию этой опасности (меры по снижению опасности или защите/сокращению воздействия); готовность общества к борьбе с чрезвычайной ситуацией (планы управления кризисом/имитационные учения); поведение общества во время кризиса (управление чрезвычайной ситуацией/адаптивность/реактивность); способность предвидеть и осуществлять восстановление в кратчайшие сроки (устойчивость).

В соответствии с этой тенденцией французские географы пытаются объяснить рост ущерба влиянием человеческой деятельности на опасность. В частности, они показывают, как урбанизация усугубляет опасность и повышает степень воздействия (Carreño, 1994). Они также подчеркивают хрупкость строительных материалов и техническую неприспособленность, связанную с низким уровнем развития. Географы часто используют полуколичественный (Lavigne and Thouret, 1994) или количественный (Leone et al., 1994) подход для составления карт уязвимости. Начиная с 1990-х годов, они стали включать в свои работы и социальную уязвимость. Например, в 1994 году А.-К. Шардон использовал социально-экономические факторы в своем исследовании уязвимости города Манисалес в Колумбии (Chardon, 1994). Исследование показывает, что наиболее физически уязвимые районы также являются наиболее социально уязвимыми. Другими словами, в нем подчеркивается, что политика управления рисками должна осуществляться как на техническом, так и на социальном уровнях.

4. Механизмы финансирования мероприятий по снижению риска бедствий

Регулярное финансирование обычно осуществляется за счет городских доходов, выплат национальных государственных органов или ассигнований различным отраслевым департаментам. В случае стихийного бедствия пострадавшие города могут получить дополнительное финансирование из национальных и международных источников для проведения операций по реагированию и оказанию помощи, а впоследствии - для поддержки усилий по восстановлению и реконструкции.

ГЛАВА 9: Полное использование местного потенциала и ресурсов

Первым источником финансирования мероприятий по снижению риска бедствий являются местные органы власти. Большинство муниципальных органов власти собирают доходы в виде административных сборов, налогов, пошлин, льгот, штрафов или муниципальных облигаций, которые являются частью годового бюджета города. Город может выбрать, на что направить свои расходы - на развитие и повышение жизнеспособности, принимая при этом меры по минимизации риска бедствий и повышению устойчивости к ним.

1. Финансирование риска бедствий - общая ответственность

Такая ответственность должна быть разделена между всеми заинтересованными сторонами процесса, то есть государственными органами на местном, провинциальном и национальном уровнях, частным сектором, промышленностью, НПО и гражданами. Фонды или кооперативные организации также могут выступать в качестве спонсоров. Взаимопонимание между этими различными структурами означает, что город лучше подготовлен к борьбе с рисками стихийных бедствий. Кроме того, в такой ситуации легче наладить сотрудничество и создать инновационные альянсы между государственным и частным секторами и общественными группами для реализации конкретных проектов.

2. Нефинансовые ресурсы

Возможности для технической помощи, передачи информации, обучения и тренингов с высокой добавленной стоимостью могут быть предоставлены научными кругами, организациями гражданского общества, техническими и региональными органами или получены в результате обмена с другими муниципалитетами, причем за небольшую плату или бесплатно.

3. Распределение ресурсов зависит от наличия четко определенной стратегии и плана

Чтобы получить доступ к ресурсам, город должен иметь стратегии, политику, планы и механизмы. Стратегический план гарантирует, что проекты будут способствовать достижению поставленных целей, а также может быть использован для выделения бюджета на конкретные проекты по снижению риска.

4. Варианты финансирования после стихийных бедствий

В ситуациях стихийных бедствий города могут воспользоваться определенными национальными или международными фондами помощи от НПО, национальных правительств или международных организаций. В некоторых странах для поддержки усилий по восстановлению выделяются специальные бюджетные ассигнования в дополнение к собственным ресурсам городов. Эти положения не всегда известны местным органам власти, поэтому они должны быть информированы о существовании всех возможных вариантов и доступных ресурсов, установить необходимые связи для получения доступа к ним и принять соответствующие меры в преддверии бедствия.

ГЛАВА 10: Социально-экономическое воздействие изменения климата на водный цикл

"Существует множество доказательств, полученных в результате наблюдений и климатических прогнозов, что источники пресной воды уязвимы и серьёзно пострадают от изменения климата, что окажет серьёзное воздействие на человеческое общество и экосистемы".[14]

Измерение воздействия гидрологических изменений, связанных с глобальным потеплением, является очень сложной задачей из-за неопределенности, связанной с высокой изменчивостью самого гидрологического цикла, а также с его сквозным характером. Гидрологический цикл, а значит и доступность воды, очень чувствительны к деятельности человека. Поэтому очень сложно выделить влияние климатического фактора при анализе доступности водных ресурсов. Однако в целом негативные последствия изменения климата для доступности водных ресурсов будут перевешивать позитивные.

Таким образом, увеличение неопределенности само по себе является основным воздействием изменения климата на доступность водных ресурсов с потенциально значительными последствиями для управления водными ресурсами. Поэтому все, кто вовлечен в управление водными ресурсами, должны научиться управлять этой растущей неопределенностью, применяя инструменты управления, адаптированные к этой новой ситуации.

1. Наиболее уязвимыми будут те, кто больше всего пострадает от последствий изменения климата

Как правило, от последствий изменения климата больше всего страдают наиболее уязвимые слои населения, и последствия, связанные с водой, являются прекрасной иллюстрацией этой тенденции. Этому есть две основные причины:

- Наибольшие изменения климата будут ощущаться в развивающихся регионах с высоким уровнем бедности. Африка с её засушливыми и сухими субтропическими регионами, вероятно, станет регионом, где изменения климата будут наиболее значительными к 2100 году. Таким образом,

---

[14] Бейтс, Б. К., З. В. Кунджевич, С. Ву и Дж. П. Палутикоф, редакторы, 2008: Изменение климата и вода, технический документ, опубликованный Межправительственной группой экспертов по изменению климата, Секретариат МГЭИК, Женева, 236 стр.

регионы, уже страдающие от сильной засухи, такие как Сахель, могут ожидать увеличения числа засух. Население Африки, например, может столкнуться с гораздо большим дефицитом воды: с 47 % населения, испытывающего дефицит воды в 2000 году, до 65 % в 2025 году. В Азии распределение воды по стране крайне неравномерно, и это неравенство, скорее всего, усилится в связи с изменением климата.

- Социально-экономические факторы и различные уровни развития определяют устойчивость общества и отдельных людей к этим изменениям. Поэтому риски, связанные с изменением климата, дифференцированы. Наименее развитые и развивающиеся страны больше всего страдают и будут страдать от изменения климата, и это тем более актуально, если образ жизни и методы производства в значительной степени зависят от природных ресурсов и наличия воды. В развитых странах маргинализированные и обездоленные слои населения также будут более уязвимы к изменению климата.

2. Воздействие на доступ к водным ресурсам

Климатические факторы, которые играют роль в доступности водных ресурсов, - это, главным образом, осадки, температура и потребность в испарении. Зимний сток должен увеличиваться, а весенний - уменьшаться. Увеличение стока в некоторых регионах будет полезно только при наличии соответствующей инфраструктуры для сбора и хранения дополнительной воды. На доступность водных ресурсов также влияют неклиматические факторы, такие как изменения в землепользовании, строительство и управление водохранилищами, выбросы загрязняющих веществ и очистка сточных вод, а также способ использования ресурсов. Изменение климата является дополнительным фактором, влияющим на водный стресс, хотя социально-демографические факторы остаются основными детерминантами водного стресса. Согласно прогнозам МГЭИК, каждый дополнительный градус потепления свыше 2°C по сравнению с 1990 годом может привести к сокращению возобновляемых водных ресурсов на 20% для как минимум 7% населения Земли.

Хотя надежный доступ к питьевой воде в большей степени зависит от инфраструктуры, чем от объема стоков и способности грунтовых вод к самовосстановлению, снижение уровня грунтовых вод в некоторых регионах в результате изменения климата усложняет и удорожает обеспечение доступа к питьевой воде для всех. Изменение климата также влияет на спрос на воду: с повышением температуры и наступлением более теплого времени года спрос на воду возрастет как в сельском хозяйстве для целей ирригации, так и для бытового и промышленного потребления.

3. Увеличение числа стихийных бедствий, связанных с водой

Наводнения зависят от интенсивности, объема и распределения во времени осадков, а также от предыдущего состояния водотоков. Наблюдаемое увеличение интенсивности осадков свидетельствует о том, что изменение климата уже оказывает влияние на интенсивность и частоту наводнений. Во всем мире количество катастроф за десятилетие, вызванных континентальными наводнениями, в период 1996-2005 годов было вдвое больше, чем в период 1950-1980 годов, а экономический ущерб увеличился в 5 раз[15]. Ожидается, что риск наводнений возрастет, особенно в Южной, Юго-Восточной и Северо-Восточной Азии, тропической Африке и Южной Америке. Хотя увеличение частоты и интенсивности стихийных бедствий, связанных с водой, можно в значительной степени объяснить изменением климата, рост потерь, связанных с этими бедствиями, в основном обусловлен социально-экономическими факторами, которые способствуют повышению уязвимости населения: демографический рост, бедность, нестабильность, городские районы, неформальное жилье, строительство в зонах, подверженных наводнениям, отсутствие систем мониторинга и предупреждения и т.д.

4. Влияние на сельское хозяйство и безопасность пищевых продуктов

Тот факт, что изменение климата оказывает понижающее воздействие на доступность водных ресурсов, усиливает конкуренцию между различными видами водопользования. Хотя в некоторых регионах, особенно в северном полушарии, изменение климата должно положительно сказаться на урожаях благодаря увеличению доступности воды (Канада, Россия), в глобальном масштабе выгоды от изменения климата для производства продовольствия будут меньше, чем затраты. И в этом случае именно те регионы, которые уже в наибольшей степени страдают от отсутствия продовольственной безопасности, пострадают сильнее всего: частота и интенсивность засух в

---

[15] Крон и Берц 2007 в МГЭИК 2014, резюме для политиков, Изменение климата 2014: смягчение последствий изменения климата

засушливых районах возрастет, а периоды сильных дождей уничтожат урожай. Мелкие семейные фермерские хозяйства на Юге сильно подвержены этим изменениям из-за их большей зависимости от окружающей среды, а слишком сильные изменения не позволят населению адаптироваться с помощью традиционных методов учета изменчивости климата[16].

5. Влияние на здоровье

Изменение климата ведет к общему снижению качества воды, что напрямую влияет на здоровье человека. В долгосрочной перспективе сокращение речного стока и общее повышение температуры воды приведет к увеличению количества патогенных микроорганизмов, содержащихся в воде. В связи с этим возрастет риск заболеваний, передающихся через воду, особенно в районах с недостаточно развитой системой очистки воды. Участившиеся экстремальные погодные явления, такие как наводнения, представляют собой серьезный риск для существующих систем водоотведения.

---

[16] Бейтс, Б. К., З. В. Кунджевич, С. Ву и Дж. П. Палутикоф, редакторы, 2008: Изменение климата и вода, технический документ, опубликованный МГЭИК, Секретариат МГЭИК, Женева, 236 стр.

ГЛАВА 11: Концепция устойчивости городов

Понятие "устойчивость городов" означает способность города адаптироваться, чтобы лучше противостоять опасностям, которые на него воздействуют, в первую очередь последствиям изменения климата. Сегодня она служит основой для разработки методов, стратегий и планов развития городов и регионов.

На самом деле все города мира уязвимы к последствиям целого ряда кризисов, которые могут быть как природными, так и антропогенными. Сегодня для городов и их жителей стремительная урбанизация, изменение климата и политическая нестабильность создают новые проблемы или усугубляют уже существующие. Учитывая, что 50 % населения мира живет в городах, а к 2050 году эта цифра вырастет до 70 %, крайне важно быстро приобретать новые инструменты и определять новые подходы, которые укрепят местные власти и жителей и их способность справляться с новыми проблемами и лучше защищать человеческие, экономические и природные ресурсы наших городов.

Устойчивость - это способность любой городской системы и ее жителей справляться с кризисами и их последствиями, при этом позитивно адаптируясь и трансформируясь, чтобы стать устойчивыми. Устойчивый город оценивает, планирует и принимает меры по подготовке и реагированию на все угрозы - внезапные или медленно наступающие, предвиденные или непредвиденные. Поэтому устойчивые города способны лучше защитить и улучшить жизнь людей, обеспечить сохранность их активов, создать благоприятные условия для инвестиций и стимулировать позитивные изменения.

С ростом рисков и численности городского населения концепция устойчивости приобретает все большее значение в международном развитии, что вполне оправдано, учитывая, что уязвимые группы и бедные слои населения, скорее всего, сильнее пострадают от кризисов и их последствий и могут не иметь ресурсов для восстановления. Глобальные программы, одной из основных концепций которых является устойчивость, позволят обеспечить участие всех без исключения жителей устойчивых и жизнеспособных городов. Кроме того, важно понимать, что устойчивость лежит в основе гуманитарной помощи, которая, по сути, направлена на улучшение условий жизни людей. Если устойчивость повышается, потенциал развивается, а риски снижаются, то хрупкость уменьшается благодаря осуществлению эффективных и предполагаемых мер.

1. Размышления об устойчивости городов

За последнее десятилетие в результате стихийных бедствий пострадало более 220 миллионов человек, а экономический ущерб оценивается в 100 миллионов долларов в год. С 1992 года число людей, пострадавших от стихийных бедствий, достигло 4,4 миллиарда (что эквивалентно 64 % населения мира), а экономический ущерб составил около 2 триллионов долларов (что эквивалентно 25 годам официальной помощи развитию). В 2015 году бедствия затронули 117 стран и регионов - 54 % мира.

Городам, пострадавшим от масштабных катастроф, таким как Кобе или Новый Орлеан, может потребоваться более десяти лет, чтобы вернуться к состоянию, существовавшему до катастрофы. Необходимо устранять коренные причины хронических и повторяющихся проблем, таких как засухи на Африканском Роге, а не только их последствия. Другие стихийные бедствия угрожают значительной части населения. Наводнения на реках в настоящее время угрожают более чем 379 миллионам городских жителей, а землетрясения и сильные ветры являются потенциальными угрозами для 283 и 157 миллионов человек соответственно.

Антропогенные катастрофы, такие как конфликты и техногенные аварии, также могут поставить под угрозу достижения развития стран и городов. Число людей, подвергающихся риску, значительно увеличивается в результате стремительной урбанизации, которая приводит к созданию нестабильных, неконтролируемых и плотных поселений в зонах повышенного риска. Кроме того, изменение климата увеличивает риски, которым подвергаются города, из-за угрозы повышения уровня моря, подвергая опасности 200 миллионов человек, живущих вдоль побережья на высоте менее 5 метров над уровнем моря.

Одним словом, города и правительства должны увеличить свои возможности по смягчению ущерба и сокращению периода восстановления после любого потенциального бедствия.

2. Проблема устойчивости городов

Согласно первоначальному определению, цель устойчивого развития городов заключается в том, чтобы не ставить под угрозу развитие будущих поколений и одновременно исправлять существующее неравенство в развитии различных территорий. Таким образом, устойчивое развитие представляет собой объединение объективного принципа взаимозависимости и нормативного принципа пространственной и временной справедливости (Laganier et al., 2002). Таким образом, эта концепция в значительной степени антропоцентрична и отчасти субъективна. Стремление к устойчивости предполагает моральную оценку желаемых целей, соответствующих территорий и выбранной временной шкалы. Кроме того, диалектика между понятиями устойчивости и дезорганизации не является очевидной, учитывая временные масштабы, к которым они относятся (долгосрочные и краткосрочные), и ценности, которые они мобилизуют. Даже если появление понятия "устойчивость" совпадает с возникновением "общества риска", сегодня аспект "управления рисками", хотя и является сквозным и долгосрочным, занимает далеко не центральное место в устойчивом развитии (Casteigts, 2008). Действительно, хотя устойчивое развитие городов не может избежать проблем, связанных с перебоями и нестабильностью, они не являются основой, на которой оно строится, и эта концепция скорее включает в себя вопросы неопределенности будущих потребностей или изменений в экологическом контексте. Так может ли развитие быть устойчивым во время кризиса, когда приоритет отдается защите людей и имущества, иногда в ущерб экономике или окружающей среде? Должны ли мы вообще стремиться к развитию (чего?) в этих ситуациях неопределенности и срочности?

Как же, учитывая эти вопросы, мы должны подходить к устойчивому развитию города? Устойчивое развитие человеческих обществ, ставшее результатом работы саммита в Рио-де-Жанейро в 1992 году, теперь ставит под вопрос город в его различных материальных, функциональных, социальных, экономических и политических измерениях. Первое противоречие, которое возникает, заключается в том, что город не может быть устойчивым в своих административных границах (Mori and Christodoulou, 2011). В то время как устойчивость часто рассматривает физическую среду как опору для развития человека, город, концентрируя развитие общества, полностью, а иногда и в значительной степени, полагается на окружающую среду (более или менее близкую) для удовлетворения своих потребностей: в пище, воде, энергии, почве, сырье и переработанных материалах и т. д. Поэтому устойчивость городской среды представляется чисто теоретической концепцией, даже технической утопией

(Villalba, 2009). Однако утопия позволяет нам определить идеал, который может быть недостижим, но к которому мы, тем не менее, можем попытаться приблизиться. Устойчивый город - это перспективная система координат (Emelianoff, 2007), по которой города стремятся себя позиционировать и которая может меняться со временем в ходе социальных сделок между заинтересованными сторонами и вокруг проектов (Hamman, 2011). Эта субъективная ценность, согласованная между игроками и вокруг проектов, затем представляет собой нормативную и моральную цель, которая должна быть достигнута. Она будет определяться целым рядом показателей качества жизни, качества окружающей среды, экономической конкурентоспособности, социальной справедливости, региональной привлекательности, внешних эффектов и т. д. Однако, чтобы приблизиться к этой утопической долгосрочной цели, город должен иметь средства для управления многочисленными нарушениями, возникающими в результате: взаимодействия между иногда несовместимыми видами использования; колебаний в ресурсах, необходимых для его функционирования; или окружающей среды.

3. Устойчивость как средство достижения устойчивости

Устойчивость, определяемая как способность поглощать и затем восстанавливаться после нарушений, в нашем понимании имеет цель обеспечить сохранение или адаптацию траектории городской системы, компоненты и функционирование которой могут быть определены в соответствии с принципами устойчивого развития. Эти нарушения играют двоякую роль в стремлении к устойчивому развитию городов. В некоторых случаях доказанная катастрофа может создать возможности для устойчивой реконструкции (Rose, 2011). Однако, не дожидаясь наступления катастрофы, необходимо учитывать ее при проектировании новых кварталов или в рамках проектов обновления городов, что также дает инструменты и показатели для обеспечения большей устойчивости системы путем адаптации городской системы к потенциальным и неизбежным нарушениям. Устойчивость системы означает, что в условиях сбоев она может избежать поломок, внезапных изменений режима или коллапса. С этой точки зрения городские службы - это угол атаки, выбранный в нашей работе, хотя это не исключает более социальных и психологических подходов. Действительно, в связи между технической сетью, городской службой, территорией и населением, которые ее используют, и органами управления, которые ее организуют, мы выделяем технические измерения (сеть поддержки), организационные измерения (человеческие факторы в управлении городской службой и в условиях кризиса), социальные измерения (поведение пользователей услуг, способность к автономии и адаптации), а также политические измерения (организация территории, выбор развития сети, обязанности менеджеров и т. д.). Такой подход к вопросам риска через призму функционирования городских служб соответствует работам, посвященным основным проблемам, таким как (D'Ercole and Metzger, 2009; Demoraes, 2004).

4. Необходимость адаптации устойчивой городской системы
Сегодня, чтобы справиться с многочисленными нарушениями, влияющими на городскую систему, подход к повышению устойчивости направлен на улучшение способности системы к адаптации, чтобы ограничить отклонения от идеальной траектории устойчивости. Отдавая предпочтение долгосрочному подходу, учитывающему неопределенность в отношении изменений в физической, технологической, экономической и социальной среде, повышение устойчивости должно предвидеть необходимость адаптации системы и ее компонентов. При возникновении возмущений, как предвиденных, так и непредвиденных, средства управления нестабильностью системы, снижения ее интенсивности и сокращения времени воздействия - все это рычаги, которые могут быть использованы совместно или по отдельности, чтобы вернуть систему в приемлемый деградирующий режим, а затем вернуться в пределы ее нормального функционирования. Если эти возмущения и вероятные колебания в городской системе учитываются на стадии проектирования, то практическая реализация адаптации будет облегчена за счет компонентов, чьи режимы работы являются гибкими или взаимозаменяемыми, а также за счет методов управления, учитывающих неопределенность, оставляя определенную степень автономии управляющему. Однако в то же время важно сохранять глобальное видение проблем, возникающих в результате дезорганизации, и создавать механизмы сотрудничества в масштабах городской системы. Чтобы не попасть в ловушку подходов, основанных на опасностях, уязвимости и защите, необходимо рассматривать риск как компонент городского развития, а не как ограничение для него. Как мы видели, срыв может создать возможности, которые необходимо использовать, а для этого само развитие города должно признавать, принимать и интегрировать

возможность срыва, которая может быть неизвестна.

Опыт часто показывает важность технических сетей города во время стихийных бедствий, особенно во время наводнений (Felts, 2005). Фактически, эти линии жизнеобеспечения необходимы для развертывания города и его работы, поскольку они поддерживают основные услуги, в которых нуждается население, деятельность и органы управления (Bruneau et al., 2003): водоснабжение, энергоснабжение, транспорт и телекоммуникации. Если эти услуги определены как жизненно важные для общества и, следовательно, должны работать надежно (что менеджерам обычно удается сделать независимо друг от друга), то взаимозависимость между техническими системами быстро оказывается очень важной. Действительно, функциональная взаимозависимость (например, транспортная сеть использует телекоммуникационную сеть для управления трафиком) не обязательно приводит к сотрудничеству между несколькими менеджерами.

5. Инструменты и оперативные методы повышения устойчивости

Для того чтобы определить критические точки в городской системе, где необходимо изучить и реализовать адаптационные решения, требуется хорошее понимание поведения городской системы. Для лучшего определения и характеристики взаимодействий, происходящих внутри городской системы, а также с внешней средой (окружающая среда, другие города и т.д.), был выбран системный подход. Особое место в этой городской системе занимают технические сети (Lhomme et al., 2010). Технические сети обеспечивают взаимосвязь между различными компонентами системы: они поддерживают потоки людей, энергии и информации. В более сложной и, возможно, менее ощутимой форме сети частично направляют эти потоки. Например, когда речь идет о городском планировании, с чисто функциональной точки зрения вопросы доступности занимают центральное место, а транспортные сети рассматриваются как структурирующие территорию.

Поэтому подчеркивать функциональность городской системы означает подчеркивать важность технических сетей для ее функционирования. Однако изучение технических сетей проблематично. Их функционирование является сложным, поскольку взаимозависимости между техническими сетями многочисленны, разнообразны и взаимосвязаны (Rinaldi et al., 2001). Именно поэтому они не реагируют на нарушения линейно. Поэтому воздействие сбоя на один из компонентов может привести к цепочке событий значительного масштаба, даже если этот компонент априори не кажется важным (Tolone, 2009). В настоящее время для изучения этих сетей и их взаимозависимости разрабатываются методы, основанные на зависимости, в частности, на функциональном анализе этих сетей в сочетании с анализом их структуры, конфигурации и местоположения (Lhomme et al., 2011a). Перекрестное использование этих методов привело к разработке общей методологии, реализованной в первоначальном компьютерном прототипе. Если говорить более конкретно, то этот прототип, используемый для изучения устойчивости технических сетей, представляет собой веб-ГИС. Технологии типа ГИС позволяют определять приоритеты и пространственные параметры географической информации (сетей, опасных зон, зданий и т.д.). Этот инструмент можно использовать для анализа воздействия опасности на технические сети города, а затем для исследования восстановления этих сетей на основе пространственного анализа. Например, с помощью ГИС-прототипа можно создать карты (см. рис.), на которых будут представлены неисправности (розовым цветом) различных сетей (вверху: питьевая вода; в середине: электричество; внизу: канализация) в зависимости от сценария (ущерб фиолетовым цветом). Особое внимание уделяется взаимосвязям (пунктиром оранжевого цвета) и неисправностям, вызванным этими взаимосвязями (оранжевым цветом).

История городов свидетельствует как об их огромной способности противостоять потрясениям и кризисам, так и об их способности адаптироваться и возрождаться. Столкновение с медленными, пагубными изменениями и внезапными, жестокими потрясениями всегда было частью реальности городов. Жеральдин Джамент, старший преподаватель Страсбургского университета, прекрасно проиллюстрировала это в своей диссертации о Риме, который она называет вечным городом: Рим сегодня воплощает архетип "устойчивого города" - в равной степени благодаря своей способности преодолевать различные разрушения на протяжении всей своей истории, будь то жестокие или пагубные, а также благодаря своей способности поддерживать дискурс, который подчеркивает стойкость города вопреки всем трудностям. Внезапные и жестокие потрясения, часто впечатляющие, оказывают сильное воздействие на коллективное воображение и обладают высокой мобилизующей силой (пожары, наводнения, теракты, ураганы и т. д.) - вспомните международные памятные мероприятия, посвященные городам и жертвам, пострадавшим от террористических атак.

С другой стороны, медленные, пагубные изменения (экономический кризис, социальное отчуждение, изменение климата и т. д.), распространяющиеся в течение длительного периода и подрывающие систему изнутри без легко идентифицируемой или настолько внезапной катастрофы, что она требует экстренного реагирования, могут долгое время оставаться незамеченными, и их труднее мобилизовать - социопространственное неравенство, усугубляемое в условиях метрополизации, почти не попадает в новости, за исключением случайных вспышек, которые позволяют сделать несколько броских заголовков, но не требуют глубоких, долгосрочных действий. Здесь действуют два совершенно разных временных периода: чрезвычайный, с одной стороны, и латентный - с другой. Однако оба они сходятся в необходимости принятия фундаментальных мер в долгосрочной перспективе - без этого система не сможет восстановить равновесие и стать устойчивой. Именно в этой способности к бдительности и мобилизации в долгосрочной перспективе кроется самая важная и интересная проблема устойчивости - за пределами чрезвычайных ситуаций и несмотря на латентность. Этот вызов особенно остро стоит в городах. Города находятся в центре современного управления рисками и обеспечения устойчивости, поскольку они являются одновременно и вызовом, и источником повышенного риска. В результате постоянной урбанизации в них концентрируется все больше людей, экономических и политических центров, а значит, и все больше проблем...

Более того, глобализация усиливает распространение ударных волн, способствуя объединению городов во всемирном масштабе, а также их взаимозависимости. Кроме того, города способствуют повышению, а то и созданию рисков: их развитие, функционирование и деятельность могут угрожать балансу экосистем и здоровью жителей, а также способствовать ухудшению климатических изменений. И наконец, как следствие вышесказанного, города как никогда ранее играют важную роль в управлении рисками.

ЗАКЛЮЧЕНИЕ

Интерес этого текста заключается в видении Дени Сассу Н'Гессо Конго. Это исследование того, как это видение работает в области градостроительства. В книге рассматриваются корни политического лидерства этого выдающегося человека. Речь идет о систематическом использовании традиций для реализации требований современной демократии. Это умелое взаимодействие принципов вызывает объединяющую концепцию панафриканизма как выражение новой политической позиции. Конго экспериментирует с этим видением уже несколько десятилетий.

Практический опыт доказывает превосходство этой новой доктрины применения догм универсальной демократии. Достижения этого эксперимента многочисленны: установление мира, движение за модернизацию, защита окружающей среды и т. д.

Главная задача этой политики - установить новый городской порядок. Дени Сассу-Н'Гессо выиграл пари на устойчивость городов и защиту окружающей среды. Этот подвиг должен быть распространен на все человечество, чтобы обеспечить светлое будущее для городского планирования.

I want morebooks!

Buy your books fast and straightforward online - at one of world's fastest growing online book stores! Environmentally sound due to Print-on-Demand technologies.

Buy your books online at
www.morebooks.shop

Покупайте Ваши книги быстро и без посредников он-лайн – в одном из самых быстрорастущих книжных он-лайн магазинов! окружающей среде благодаря технологии Печати-на-Заказ.

Покупайте Ваши книги на
www.morebooks.shop

 info@omniscriptum.com
www.omniscriptum.com

Printed by Books on Demand GmbH, Norderstedt / Germany